Das Fachbuch zum

Sharp EL W531
Sharp EL W550
Sharp EL W506
Sharp EL W550TG

Jörg Christmann

Vorwort / Hinweise zur Arbeit mit diesem Buch

SHARP ist ein eingetragenes Warenzeichen.

Dieses Buch soll einen Schnelleinstieg in die Arbeit mit den Taschenrechnern SHARP EL W531, EL W550, EL W506, EL W550TG ermöglichen. Es ersetzt nicht die Bedienungsanleitungen von SHARP, die auf der SHARP-Homepage im Internet unter der Adresse: ***www.sharp-calculators.com*** heruntergeladen werden können.

Dieses Buch wurde nach bestem Wissen zusammengestellt. Deshalb können Autor und Herausgeber des Buches keinerlei Haftung für Druckfehler oder eventuell fehlerhaft wiedergegebene Inhalte übernehmen.

Modellbezeichnungen

Funktionen, welche nur bestimmte Modelle haben, sind entsprechend im Kapitel gekennzeichnet. Modellbezeichnungen, die im Buch zu finden sind und was diese bedeuten:

W531	steht für W531XH / XG / TH / TG & Weitere
W531X	steht für W531XH / XG & Weitere
W531T	steht für W531TH / TG & Weitere
W550	steht für W550XG & Weitere
W506	steht für W506T & Weitere
W550TG	steht nur für das Modell W550TG (IQB WTR)

Inhaltsverzeichnis

1 Einführung/Einstellungen

1.1 Was ist ein IQB-Taschenrechner – Modell W550TG

Das IQB (**I**nstitut zur **Q**ualitätsentwicklung im **B**ildungswesen) ist ein wissenschaftliches Institut, welches zur Humboldt Universität in Berlin gehört. Es unterstützt die Bundesländer bei der Qualitätsentwicklung und Qualitätssicherung im allgemeinbildenden Schulsystem. Für das Abitur ab 2030 in ganz Deutschland wurden neue Richtlinien für Taschenrechner festgelegt. Diese dürfen nur noch bestimmte Funktionen enthalten. Z.B. sind Berechnungen von Gleichungssystemen, Integralen oder Differenzialen nicht mehr erlaubt. Das Sharp Modell W550TG erfüllt diese IQB-Richtlinien für das Abitur ab 2030.

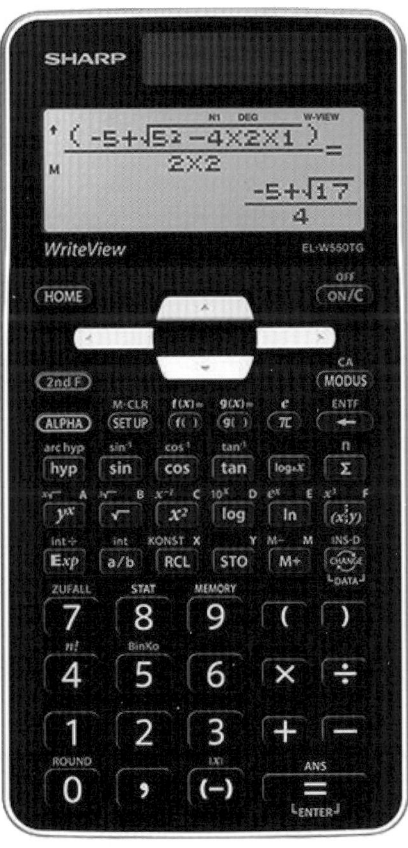

1.2 Allgemeine Bedienung

Die SHARP Taschenrechner haben eine Vielzahl von Funktionen, die nur dadurch auf der Tastatur abgebildet werden können, indem **Tasten doppelt** oder **dreifach belegt** sind. Um von der ersten Tastenebene die zweite oder dritte Ebene zu wählen, existieren die Tasten **2nd F** (orange) und **ALPHA** (türkis).

Die wichtigsten Tasten für den Start

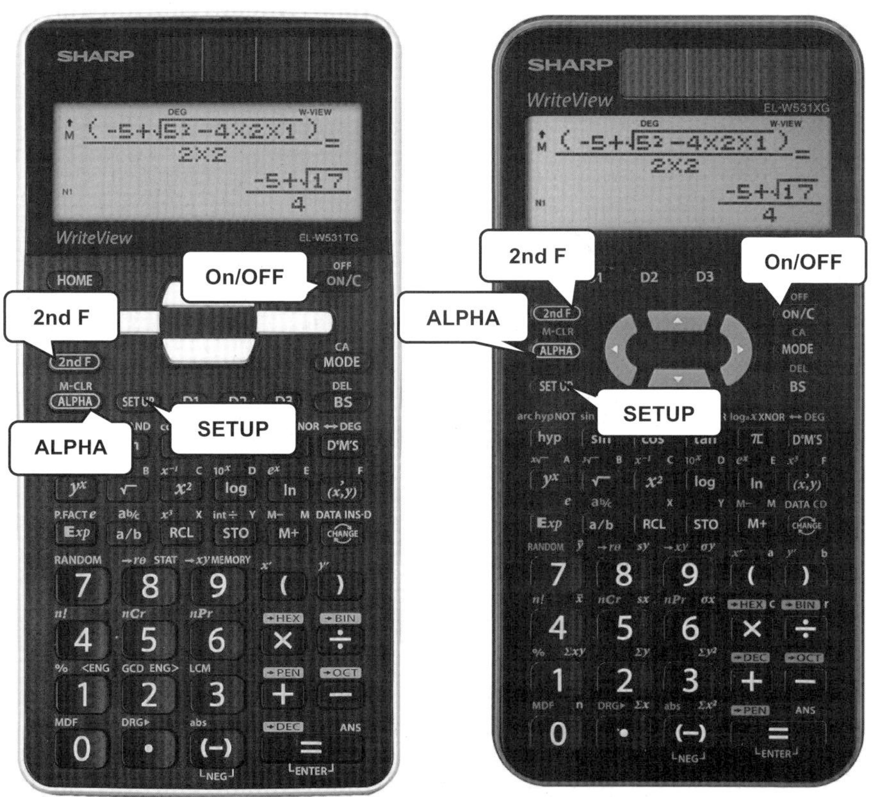

Modell W531 T

Modell W531 X

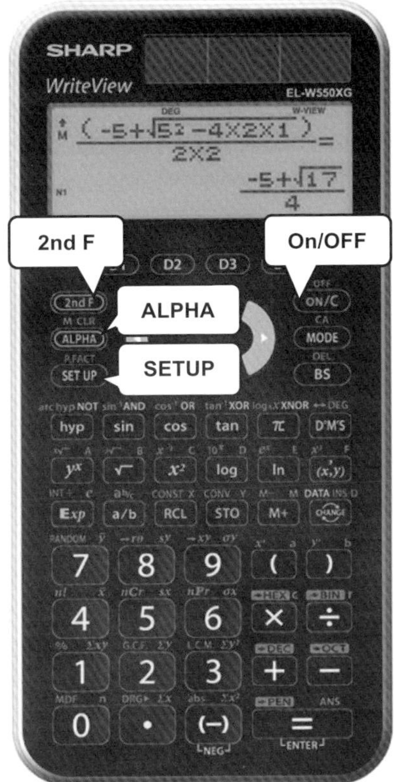

Modell W550XG

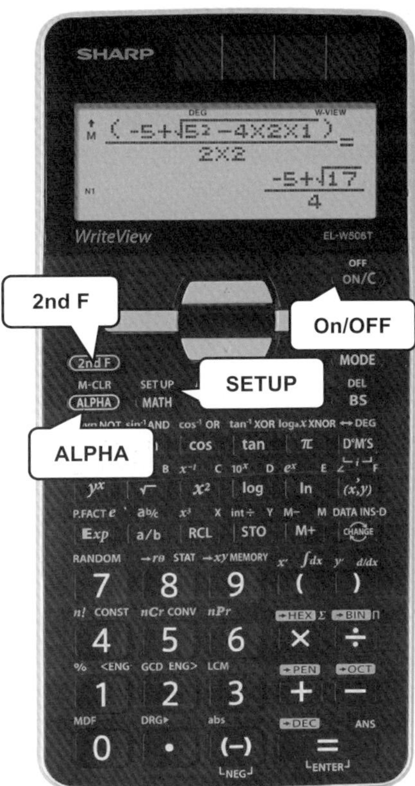

Modell W506

Die Unterschiede bei den einzelnen Modellen liegen hauptsächlich in der Anordnung der wichtigsten Funktionstasten, wie man in den Bildern sehen kann.

Die Modelle W550/W550TG haben als einzige eine deutsche Benutzerführung und eine Tastenbeschriftung in Deutsch bzw. mit deutschen Abkürzungen. Weitere Verschiedenheiten werden in den einzelnen Kapiteln besprochen.

Wichtige Funktionen

Einschalten und Eingabe löschen

Mit der Taste **ON/C** kommt man immer wieder zurück in das Hauptberechnungsfenster oder kann die letzte Berechnung und damit das gesamte Fenster löschen.

Nur ein einzelnes Zeichen links des Cursors bei einer Eingabe kann man wie bei einer Computertastatur mit der „Delete-Taste" löschen:

← / **ENTF**	Modelle W550/W550TG deutsche Version
BS / **DEL**	Alle anderen Modelle

Pfeiltasten zum Bewegen des Cursors in einem Rechenausdruck

BS / DEL / ENTF
(**B**ack**s**pace / Delete)

1.3 MODE – Verschiedene Betriebsarten

Über die Taste **MODE** können verschiedene Betriebsarten (<MODE> / <MODUS>) ausgewählt werden:

MODE bei Modell W531

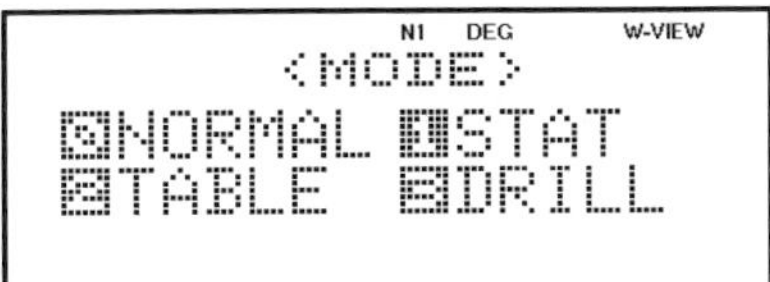

MODE bei Modell W506

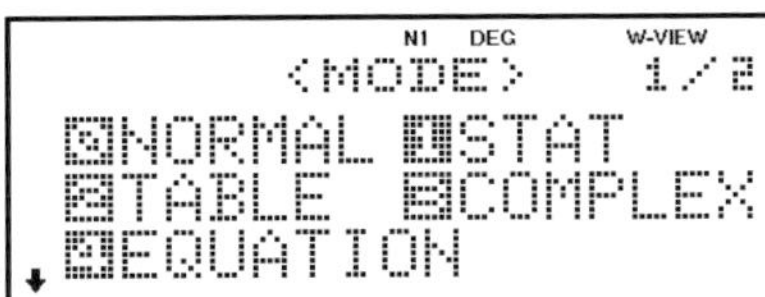

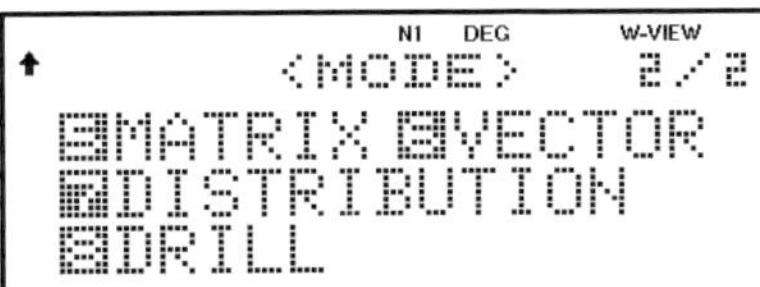

MODUS bei Modell W550

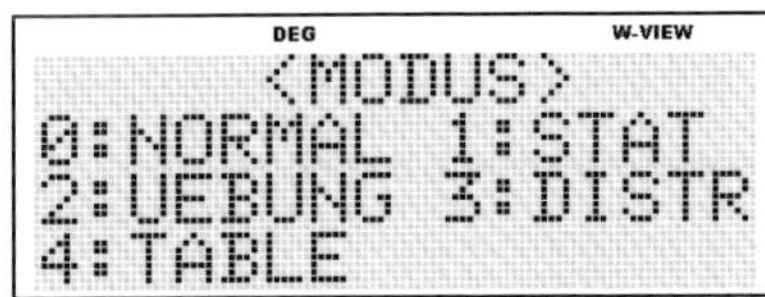

MODUS beim Modell W550TG

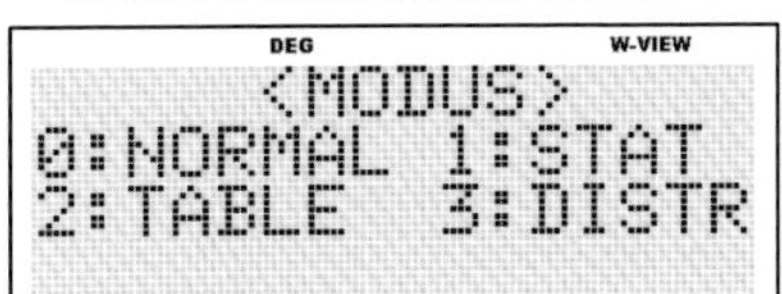

Bedeutung der einzelnen Modi

NORMAL
Normaler Rechenmodus

STAT
Statistische Funktionen

TABLE
Wertetabellen für Funktionen

COMPLEX
Rechnen mit komplexen Zahlen

DISTR / DISTRIBUTION
Verteilungsfunktionen

MATRIX / VECTOR (nur W506)
Matrizen und Vektoren

DRILL / UEBUNG
Kopfrechenaufgaben

Standard Berechnungsmodus

Im Standardmodus „**NORMALER MODUS**“ oder „**NORMAL MODE**“ werden die gewohnten mathematischen Berechnungen durchgeführt.

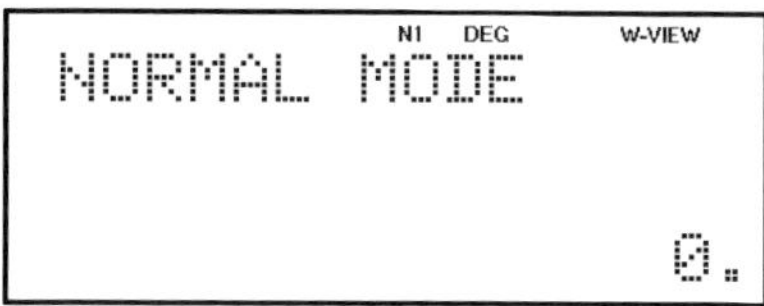

DRILL / UEBUNG – Kopfrechenaufgaben

Im **DRILL-** oder **Übungsmodus** bietet der Rechner zufällig ausgewählte Kopfrechenaufgaben an.

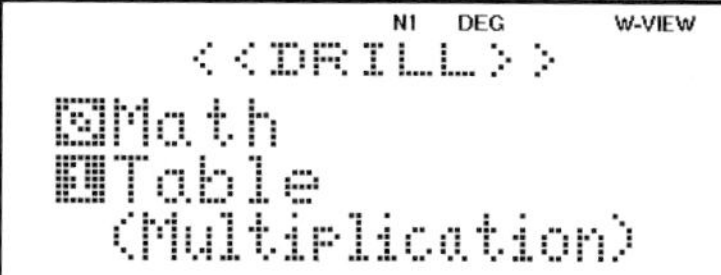

Modell W531 / W506

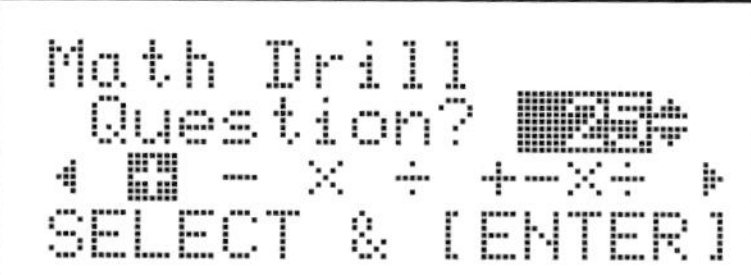

Auswahl der Anzahl (25) und Rechenart (+) über Pfeiltasten

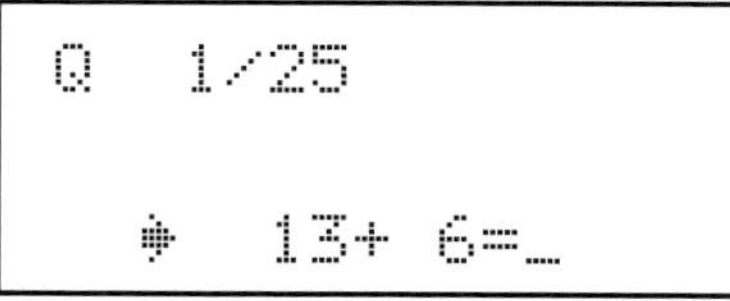

Beispielaufgabe zur Addition

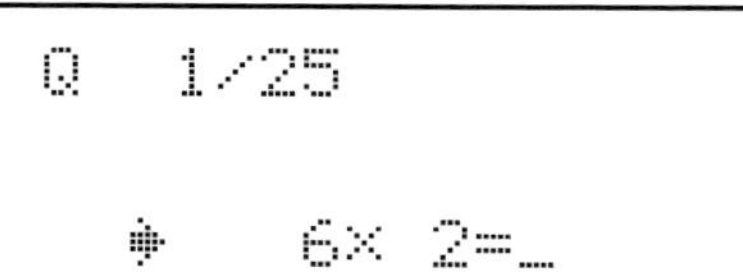

Beispielaufgabe zur Multiplikation

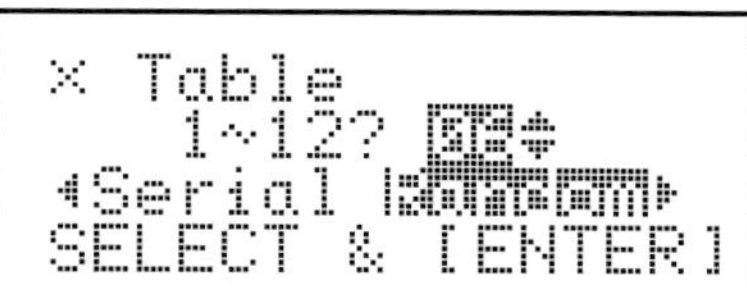

1x1 Tabellen bis 12

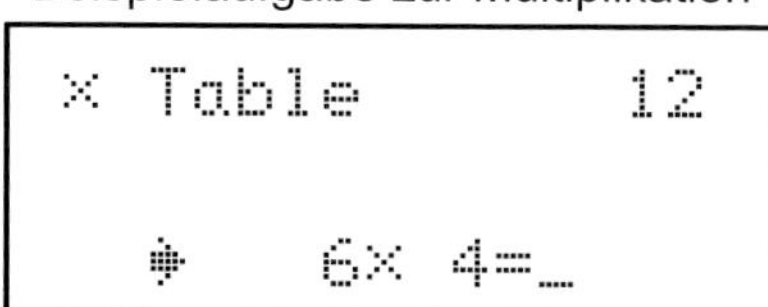

Beispielaufgabe 6er Reihe

Kopfrechenaufgaben beim Modell W550
Menüführung Deutsch:

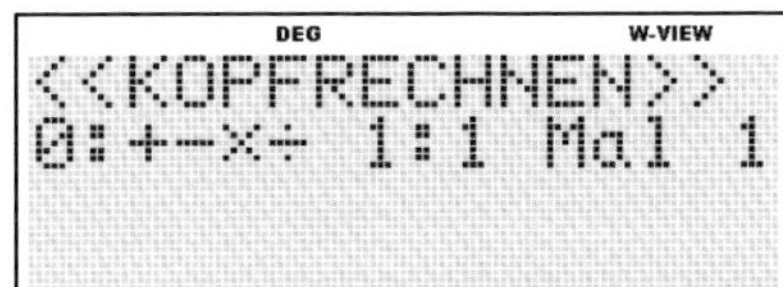

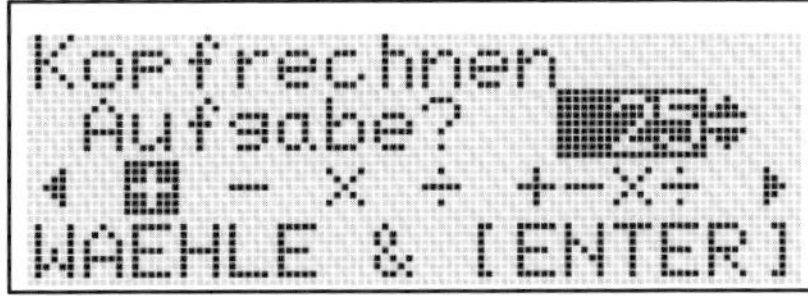

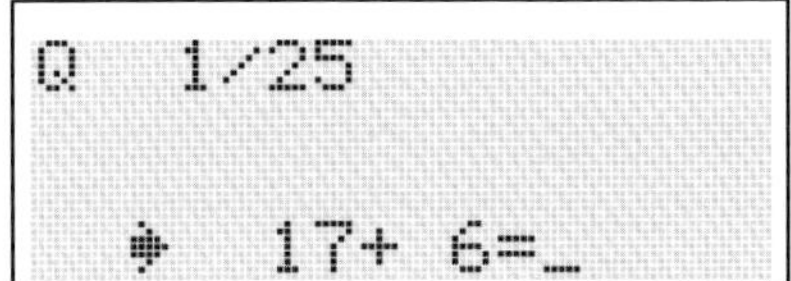

Die weiteren verfügbaren Modi behandeln wir in den einzelnen Themen-Kapiteln!

1.4 Einstellungen / Setup

Befindet man sich im Standard Modus (**NORMALER MODUS / NORMAL MODE**), kann man über die Taste **SETUP** allgemeine Einstellungen vornehmen. Die Auswahlmöglichkeiten unterscheiden sich bei den einzelnen Modellen geringfügig.

Modell W531

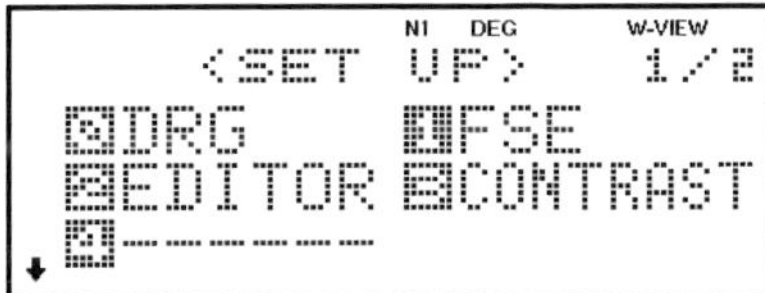

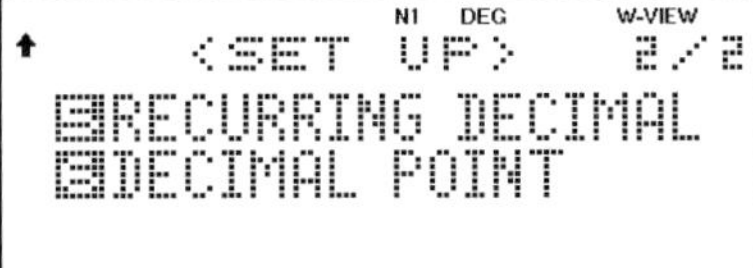

Modell W506

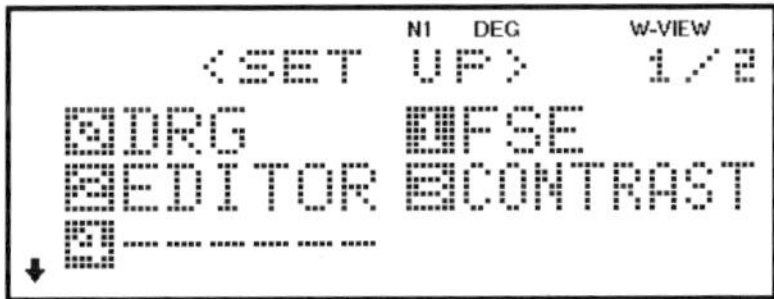

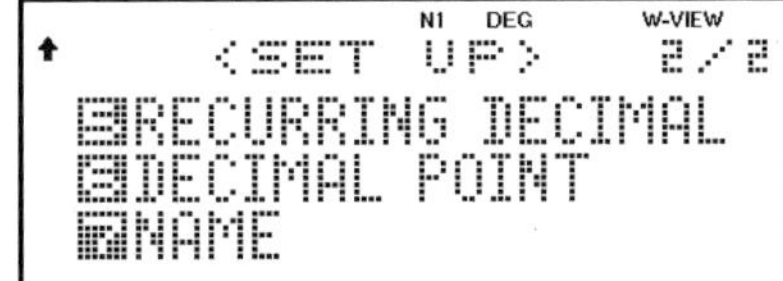

Modell W550

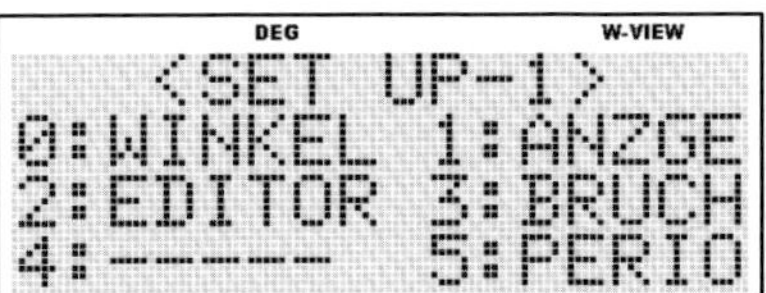

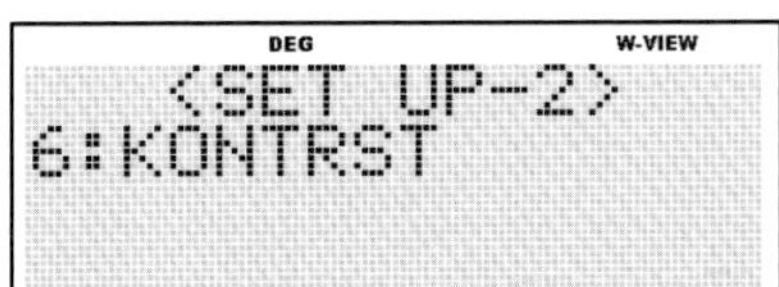

Modell W550TG

<SET UP>	
0: WINKEL	1: ANZGE
2: EDITOR	3: EINFG
4: -----------	5: KONTRAST

1.5 Das Winkelmaß - Gradmaß oder Bogenmaß

Im Unterricht in der Geometrie sowie Trigonometrie beim Rechnen mit Winkeln und Winkelfunktionen ist die Einstellung des **Winkelmaßes** wichtig. Wir wählen im 1. Fenster des SETUP-Menüs (<SET UP> 1 / 2 bzw. <SET UP-1>) den Punkt **0:DRG oder 0:WINKEL** für die Einstellung des Winkelmaßes. Schon erhalten wir folgende Auswahl:

Modelle W531 / W506

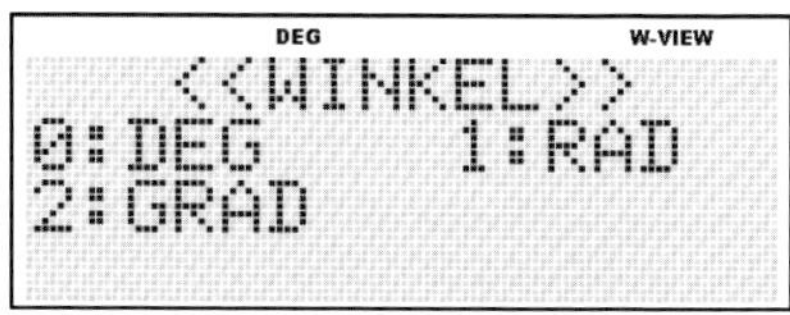

Modell W550 / W550TG

0:DEG = Gradmaß

für Winkelberechnungen im bekannten 0° - 360° Maß

1:RAD = Bogenmaß

Für Winkelberechnungen im Bogenmaß:

$360^\circ = 2\pi, 180\,^\circ = \pi, 90^\circ = \frac{\pi}{2}$, usw.

2:GRAD = Geodätisches Winkelmaß (GON),

Der Vollwinkel wird in diesem Winkelmaß in 400° eingeteilt. Dieses Winkelmaß benötigen wir in der Regel im Unterricht nicht!

1.6 Dezimaldarstellung

Bei den Modellen W531 und W506 erfolgt die standardmäßige Festlegung der Dezimaldarstellung über **SETUP / 1 FSE**.

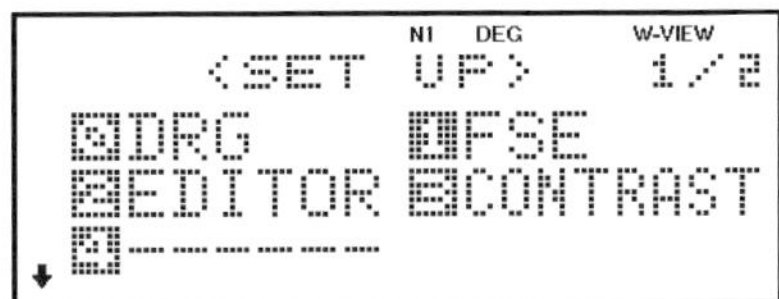

N1 DEG W-VIEW
<<FSE>>
0 FIX 1 SCI
2 ENG 3 NORM1
4 NORM2

0: FIX

Festkommadarstellung mit fester Anzahl Stellen hinter dem Komma, z.B. 2 Stellen

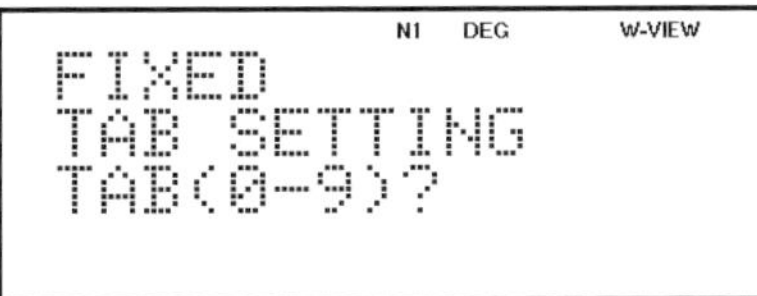

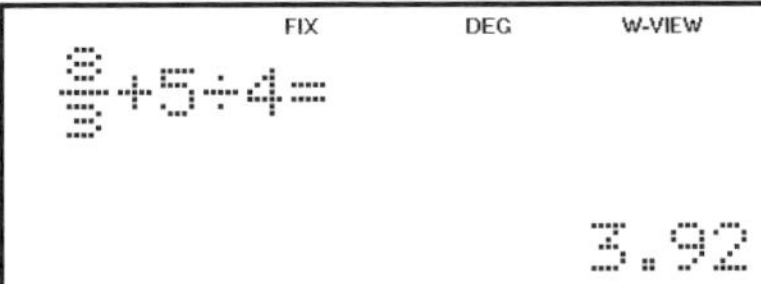

1: SCI

Wissenschaftliche Darstellung mit 10er Potenzschreibweise Signifikante Stellen = 1 Stelle vor dem Komma, Rest hinter dem Komma.
Im Beispiel 3 signifikante Stellen!

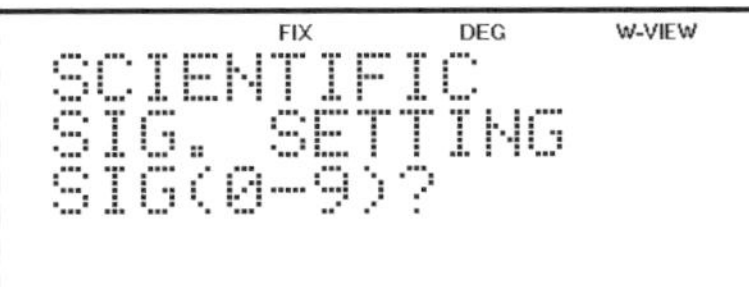

SCI DEG W-VIEW
$\frac{8}{3}$+5÷4=
3.92E00

2: ENG (Engineering)

Ingenieurmäßige / technische Darstellung. Ähnlich SCI.

ENG DEG W-VIEW
$\frac{8}{3}$+5÷4=
3.917E00

3: NORM1

Angezeigter Bereich: $0{,}000\,000\,001 \leq |x| \leq 9\,999\,999\,999$
Andernfalls Wechsel in SCI-Darstellung!

4: NORM2

Ähnlich NORM1, Bereich: $0{,}01 \leq |x| \leq 9\,999\,999\,999$
Andernfalls Wechsel in SCI-Darstellung!

1.7 Bruchdarstellung

Beim Modell W550 kann man im SETUP die standardmäßige Anzeige der Bruchdarstellung einstellen.

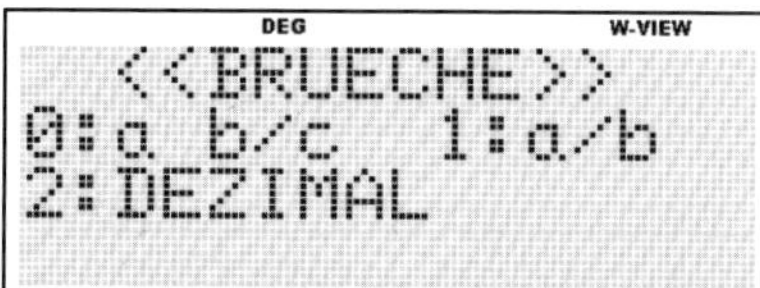

0: a b/c gemischte Darstellung
1: a/b reine Bruchdarstellung
2: DEZIMAL Dezimale Darst.

DEG W-VIEW
$\frac{8}{3}+5\div4=$
$3\frac{11}{12}$

Beispielaufgabe mit dem Modell W550, Ergebnis in verschiedenen Darstellungen.

DEG W-VIEW
$\frac{8}{3}+5\div4=$
$\frac{47}{12}$

DEG W-VIEW
$\frac{8}{3}+5\div4=$
3,916666667

1.8 Ergebnisse in verschiedenen Darstellungen

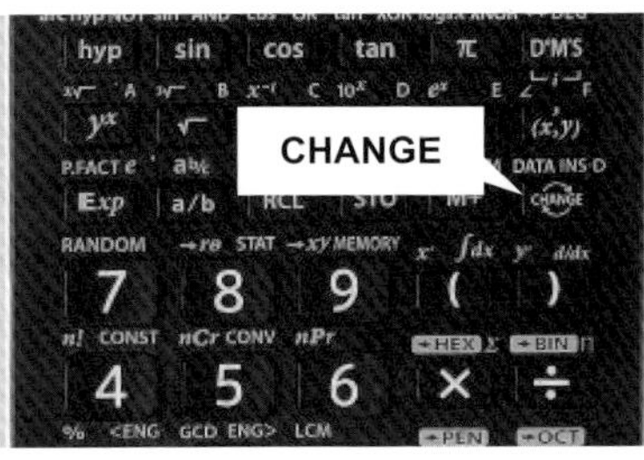

Mit der Taste **CHANGE** kann man zwischen den einzelnen Darstellungen eines Ergebnisses wechseln.
In den folgenden Bildern wurde das Ergebnis nur über die Taste **CHANGE** verändert.

Die Dezimaldarstellung erfolgt dabei in der im Setup gewählten Form.

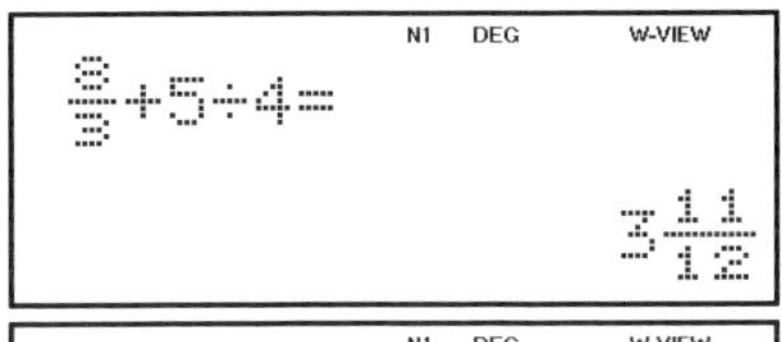

Standardmäßige Anzeige zuerst in gemischter Darstellung bei den Modellen W531 und W506.

N1 DEG W-VIEW
8/3+5÷4=
47/12

N1 DEG W-VIEW
8/3+5÷4=
3.91666667

1.9 Der Antwortspeicher ANS

Das Ergebnis der vorangegangenen Berechnung befindet sich immer im Antwortspeicher. Man kann damit weiterechnen oder über die **ANS** - Taste (**ALPHA** + **=**) das letzte Ergebnis in eine Berechnung einfügen.

Wir rechnen:

$$\mathbf{100:50=2}$$

Jetzt drücken wir einfach + 10, es erscheint:

$$\mathbf{ANS+10}$$

Aus dem Antwortspeicher wird das Ergebnis der vorherigen Rechnung (2) genommen und 10 wird addiert:

$$\mathbf{ANS+10=12}$$

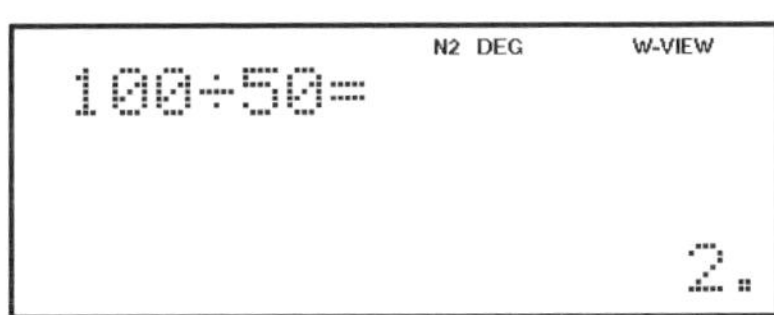

N2 DEG W-VIEW
ANS+10=
12.

2 Zahlensysteme – HEX, BIN, PEN, OCT, DEC

Nicht beim IQB Modell W550TG

Normalerweise rechnen wir im Zehnersystem = Dezimalsystem. Bereits in der Grundschule haben wir hierzu die Stellenwerttafel kennengelernt. Jede Stelle entspricht einer Zehnerpotenz, von den Einsern, über die Zehner und Hunderter. Der Rechner verfügt über eigene Funktionstasten, um Zahlen in den folgenden Zahlensystemen darzustellen:

- Hexadezimalsystem, **→HEX** zur Basis 16
- Binär-, Zweiersystem oder Dualsystem, **→BIN** zu Basis 2
- Fünfersystem, **→PEN** zur Basis 5
- Achtersystem (Oktalsystem), **→OCT** zur Basis 8
- Dezimalsystem, Zehnersystem, **→DEC** zur Basis 10

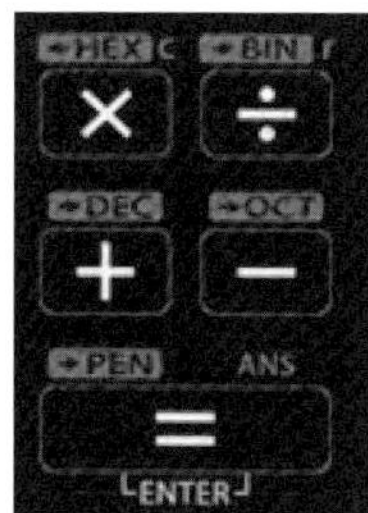

Die Umrechnungsfunktionen werden über die Umschalt-Taste **2ndF** und die Tasten **X**, **÷**, **+**, **-** , **=** aufgerufen.

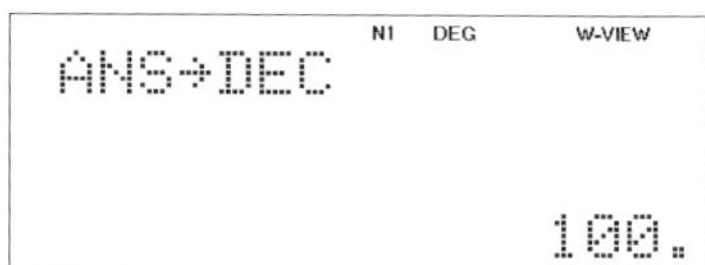

Die verschiedenen Zahlendarstellungen für die Zahl **100 (DEC)**:

DEC			**BIN**							**PEN**			**OCT**			**HEX**	
100			1100100							400			144			64	
H	Z	E	2^6	2^5	2^4	2^3	2^2	2^1	2^0	5^2	5^1	5^0	8^2	8^1	8^0	16^1	16^0
1	0	0	1	1	0	0	1	0	0	4	0	0	1	4	4	6	4

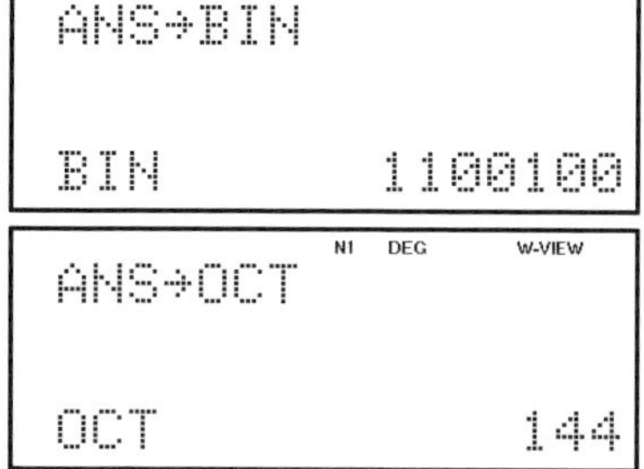

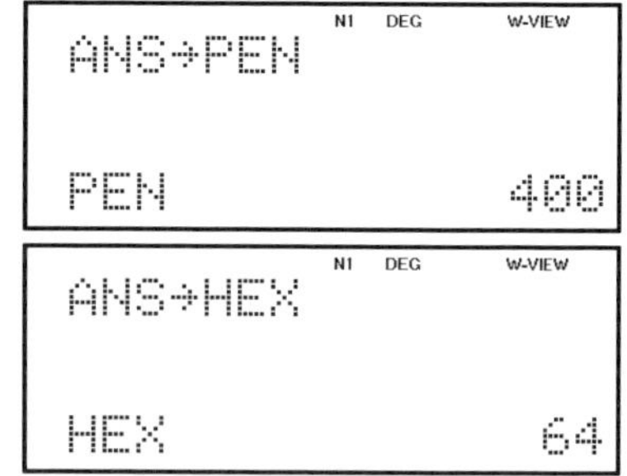

3 Allgemeine Berechnungen durchführen

Für die allgemeinen Berechnungen, welche wir in diesem Kapitel durchführen, befinden wir uns im „**Normalen Modus**“, den wir über die Taste **MODE** / **0:NORMAL** auswählen. Mit der ersten Eingabe verschwindet die Anzeige „**NORMALER MODUS**“ bzw. „**NORMAL MODE**“.

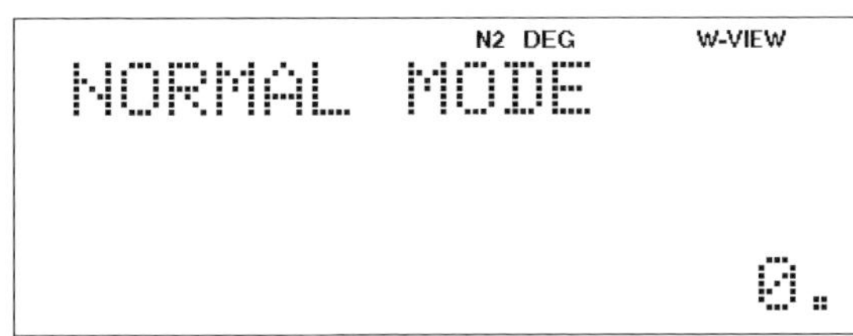

3.1 Zahlendarstellung - Zehnerpotenzschreibweise

Große Zahlen werden oder müssen sogar in der Zehnerpotenzschreibweise dargestellt werden.

Wir rechnen:

$$1\,000\,000 : 0{,}0001 = 10\,000\,000\,000 = 1 \cdot 10^{10}$$

In Worten: *1 Million geteilt durch 1 Zehntausendstel ist gleich 10 Milliarden, als Zehnerpotenz geschrieben:* $1 \cdot 10^{10}$.

N2 DEG W-VIEW
1000000÷0.0001=
1.E10

Der Rechner stellt die Zehnerpotenz 10^{10} dar als **E10**.

Über der Taste **LOG** befindet sich die 2. Belegung (**2ndF**) für die 10er Potenz $\mathbf{10^x}$. Diese können wir auch direkt eingeben:

N2 DEG W-VIEW
5.042⏨3=
5'042.

$$5{,}042 \cdot 10^3 = 5042$$

3.2 Primfaktorzerlegung

Nur die Modelle W531 T, W550, W506

Jede Zahl, die keine Primzahl ist, kann in Faktoren zerlegt werden. Die Zahl 3465 kann in die folgenden Faktoren zerlegt werden:

$$3465 = 3 \cdot 3 \cdot 5 \cdot 7 \cdot 11$$

Über der Taste **Exp** befindet sich der orangefarbene Text: **P.FACT** für Primfaktorzerlegung! Um die Funktion aufzurufen, muss man zunächst die Zahl eingeben und die Eingabe mit **=** abschließen.

N2 DEG W-VIEW
3465=
3'465.

N2 DEG W-VIEW
3465=
3²×5×7×11

Hierbei steht 3^2 für $3 \cdot 3$, doppelt vorkommende Faktoren werden als Potenz dargestellt!

3.3 Größter gemeinsamer Teiler – ggT

Nur die Modelle W531 T, W550 , W506

Die Funktion für den größten gemeinsamen Teiler **ggT** (auf Englisch: **greatest common divisor, GCD)** finden wir auf der Tastatur über der Taste **2** in oranger Farbe als **GCD** oder **ggT**. Daher rufen wir diese Funktion mit der Taste **2ndF** auf.

Der **ggT** von 120 und 320 wird wie folgt eingegeben:

120 *GCD* 320 / 120 *ggt* 320

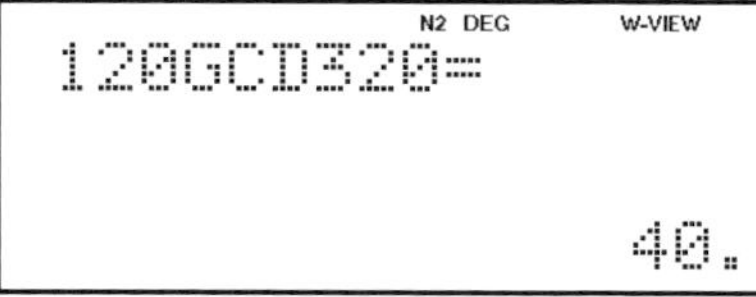

Wichtig:

Die erste Zahl des **ggT** muss zuerst eingegeben werden. Erst dann die Funktion **GCD / ggT** und abschließend die zweite Zahl!

3.4 Kleinstes gemeinsames Vielfaches – kgV

Nur die Modelle W531 T, W550, W506

Die Funktion für das kleinste gemeinsame Vielfache zweier zahlen (**auf Englisch: least common multiple, LCM**) finden wir auf der Tastatur über der Taste **3** in oranger Farbe als **LCM** oder **kgV**. Wir rufen diese Funktion mit der Taste **2ndF** auf.

Das **kgV** von 12 und 18 wird wie folgt eingegeben:

$$\mathbf{12}\ \boldsymbol{LCM}\ \mathbf{18}\ \ /\ \mathbf{12}\ \boldsymbol{kgV}\ \mathbf{18}$$

N2 DEG W-VIEW
12LCM18=
36.

Wichtig:
Die erste Zahl des **kgV** muss wie beim **ggT** zuerst eingegeben werden. Dann die Funktion **LCM / kgV** und abschließend die zweite Zahl!

3.5 Bruchrechnung

Reine Brüche und gemischte Brüche

Brüche werden über die Taste **a/b** eingegeben. Für gemischte Brüche verwendet man die gleiche Taste über die Zweitbelegung **2ndF** mit der Beschriftung **$a^{b/c}$**. Wir wollen hier einige beispielhafte Eingaben betrachten. Mit den Pfeiltasten wechseln wir zwischen Zähler und Nenner des Bruchs.

$$\frac{4+5\cdot 10}{3\cdot 27}=\frac{2}{3}$$

N1 DEG W-VIEW
$\frac{4+5\times 10}{3\times 27}=$
$\frac{2}{3}$

Alternativ können wir einen Bruch auch als Division eingeben. Wir erhalten das Ergebnis als Bruch:

$$(4+5\cdot 10):(3\cdot 27)=\frac{2}{3}$$

N1 DEG W-VIEW
(4+5×10)÷(3×27)=
$\frac{2}{3}$

Einen reinen Bruch (ein Bruchergebnis) können wir in einen **gemischten Bruch** umwandeln mit Hilfe der **CHANGE** Taste:

$$27:5 = \frac{27}{5} = 5\frac{2}{5} = 5{,}4$$

Ebenso erhalten wir durch ein weiteres Mal mit der Taste **CHANGE** die Dezimaldarstellung.

N1 DEG W-VIEW
27÷5=
$\frac{27}{5}$

N1 DEG W-VIEW
27÷5=
$5\frac{2}{5}$

N1 DEG W-VIEW
27÷5=
5.4

Die gemischte Bruchdarstellung ist beim IQB Modell W550TG NICHT verfügbar!

Prozente in Brüche umwandeln

Die Taste **%** befindet sich in der **2ndF** Belegung über der Taste **1**.

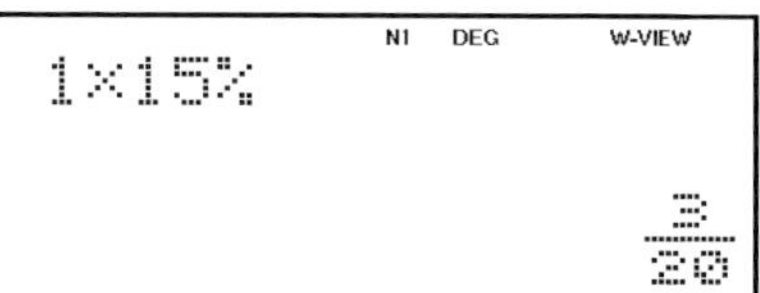

Wichtig!

Nach der Eingabe des **%** Zeichens wird das Ergebnis bereits angezeigt! Eine zusätzliche Eingabe der Taste **=** (Enter) ist nicht nötig!

Die Prozent Taste ist beim IQB Modell W550TG NICHT vorhanden!

Doppelbrüche berechnen

Bei der Eingabe von Doppelbrüchen oder Mehrfachbrüchen müssen wir beachten, die Bruch-Taste **a/b** an der richtigen Stelle einzusetzen!

Nach der Eingabe wird oft die Größe des Displays nicht ausreichen, um zusätzlich zum Ergebnis noch die Aufgabe anzuzeigen (siehe Abbildung rechts!).

$$\frac{\frac{3}{7}+\frac{7}{8}}{5-\frac{7}{2}}=\frac{73}{84}$$

NI DEG W-VIEW

$\frac{\frac{3}{7}+\frac{7}{8}}{5-\frac{7}{2}}$

NI DEG W-VIEW

$\frac{\frac{}{7}+\frac{}{8}}{5-\frac{7}{}}=$

$\frac{73}{84}$

3.6 Die Grundgrößen der Prozentrechnung

NICHT beim IQB Modell W550TG

In der Prozentrechnung berechnen wir die Größen

- **Grundwert** G_w : Unsere Basisgröße
- **Prozentwert** P_w: Der prozentuale Anteil des Grundwerts
- **Prozentsatz** $p\%$: Die % - Zahl mit der wir rechnen

Es gelten die bekannten Gesetzmäßigkeiten:

$$P_w = G_w \cdot p\% \qquad G_w = \frac{P_w}{p\%} \qquad p\% = \frac{P_w}{G_w}$$

Wir berechnen beispielhaft Prozentwert und Prozentsatz:

Berechne den **Prozentwert:**

$$G_w = 375, p\% = 8\%$$
$$P_w = G_w \cdot p\% = 375 \cdot 8\%$$

NI DEG W-VIEW

375×8%

30.

Berechne den **Prozentsatz:**

$G_w = 120, P_w = 15$

$$p\% = \frac{P_w}{G_w} = \frac{15}{120} = \frac{1}{8}$$

$$= 0{,}125 = 12{,}5\%$$

Die Ausgabe müssen wir selbst als Prozentwert umrechnen!

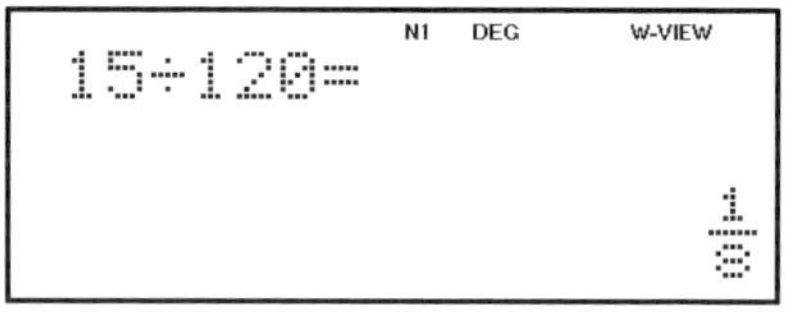

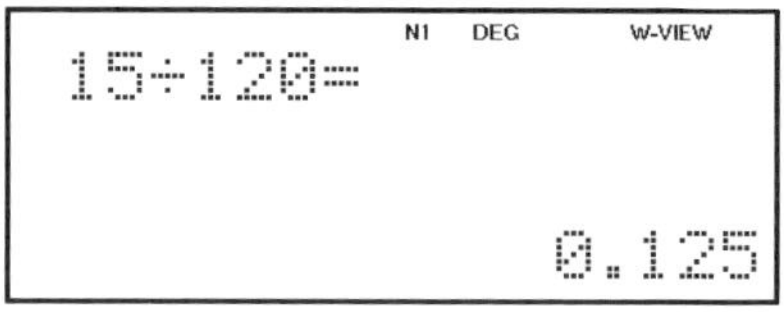

3.7 Wurzeln und Potenzen

Die Quadratwurzel

Diese Funktion ist auf einer eigenen Taste hinterlegt:

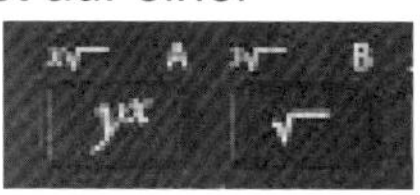

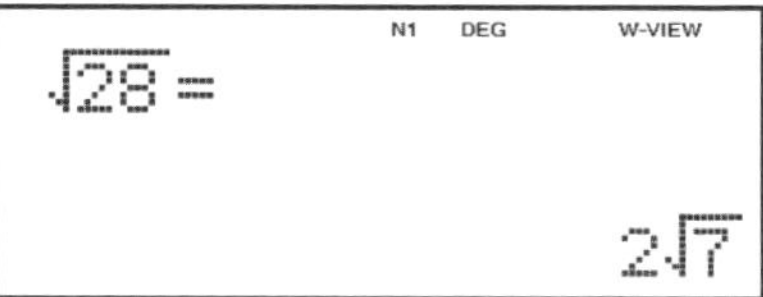

Wir berechnen: $\sqrt{28} = 2\sqrt{7}$

Für die Dezimaldarstellung wählen wir noch die Taste **CHANGE**.

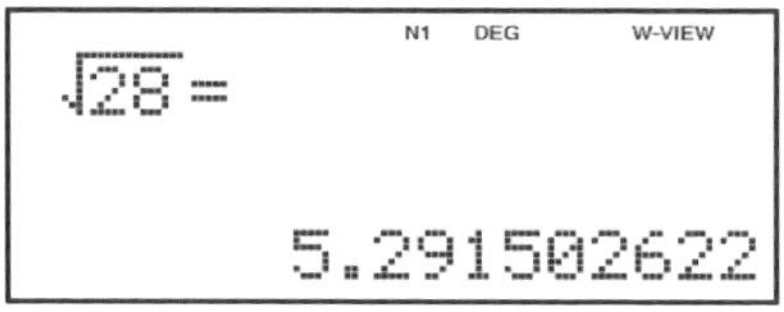

Beachte!

Zuerst die Wurzel-Taste und erst dann den Wert eingeben! Der Rechner versucht das Ergebnis immer zuerst als Wurzelterm darzustellen.

Die 3. Wurzel: 2ndF + Wurzel

Wir berechnen: $\sqrt[3]{27} = 3$

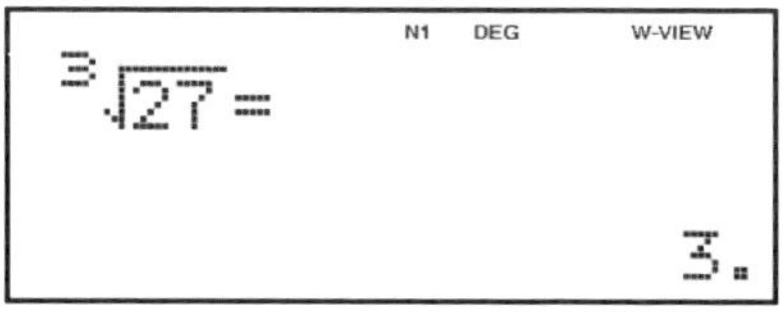

n-te Wurzel: 2ndF + y^x

Wir berechnen: $\sqrt[7]{128} = 2$

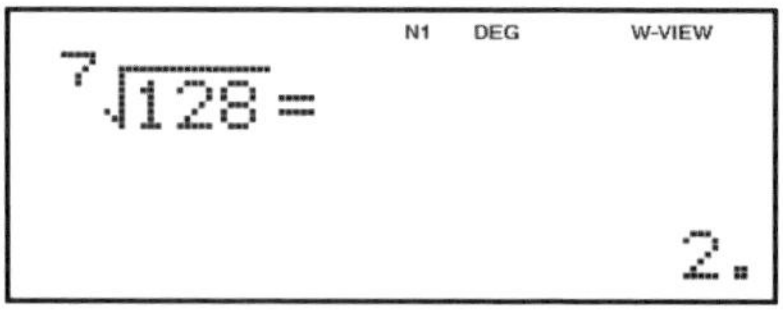

Potenzen - Quadratzahlen

Für **x²** steht eine eigene Taste rechts neben der Wurzeltaste zur Verfügung. Jeder Aufruf muss immer mit der Taste **=** abgeschlossen werden.

Wir berechnen: $5^2 = 25$

Potenzen mit beliebigen Exponenten

Die Taste für **yˣ** befindet sich links neben der Wurzeltaste.

Wir berechnen: $3^5 = 243$

Wir können ebenso Brüche oder reelle Zahlen als Exponent eingeben. Wir berechnen:

$$10^{\frac{3}{2}} = \sqrt{1000} = 10\sqrt{10}$$
$$\approx 31{,}6227766$$

In diesem Beispiel sehen wir, dass der Rechner in solchen Fällen keine Vereinfachung des Wurzelterms findet.

3.8 Zufallszahlen

Für die Berechnung von Zufallszahlen und Durchführung von Zufallsexperimenten hat der Rechner eine eigene Funktion **ZUFALL** bzw. **RANDOM**. Diese Funktion liegt in der Zweitbelegung **2ndF** der Taste **7**.

Modelle W531 / W506

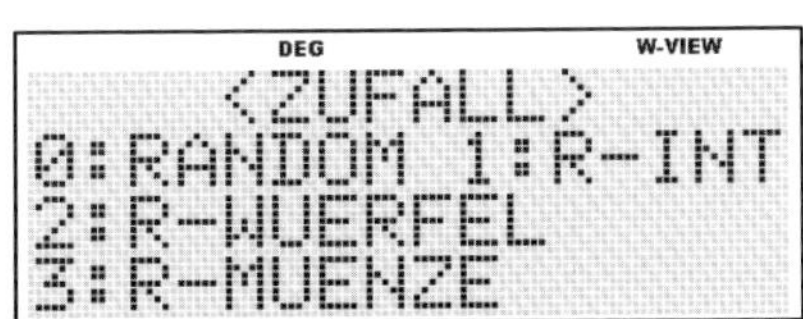

Modell W550 / W550TG

- 0 RANDOM
- 1 R.DICE
- 2 R.COIN
- 3 R.INT

- 0: RANDOM
- 1: R-INT
- 2: R-WUERFEL
- 3: R-MUNEZE

0: RANDOM

Dieser Punkt liefert mit jedem Druck auf die Taste = eine neue Zufallszahl als Bruch oder über **CHANGE** als Dezimalzahl zwischen 0 und 1.

N1 DEG W-VIEW
RANDOM=
93/500

1: R-INT (Modell W550)

R-Integer liefert eine ganzzahlige Zufallszahl zwischen 0 und 99.

DEG W-VIEW
R.INT=
45.

1: R-INT (Modell W550TG)

Liefert eine ganzzahlige Zufallszahl im angegebenen Bereich (hier zwischen 5 und 15).

Achtung: als Trennzeichen muss hier ein Semikolon eingegeben werden!

N1 DEG W-VIEW
R.Int(5;15)=
7.

3: R.INT (Modelle W531 / W506)

Liefert eine ganzzahlige Zufallszahl im angegebenen Bereich (hier zwischen 5 und 15).

N1 DEG W-VIEW
R.Int(5,15)=
7.

2 R.COIN / 3: R-MUENZE

Beim Werfen einer Münze haben wir nur die Möglichkeit für Kopf oder Zahl. Diese zwei Möglichkeiten werden als 0 oder 1 angezeigt. Mit jedem Tastendruck auf = wird neu „geworfen“.

N1 DEG W-VIEW
R.COIN=
1.

N1 DEG W-VIEW
R.COIN=
0.

1 R.DICE / 2: R-WUERFEL

Beim Werfen eines Würfels mit 6 Seiten können die Zahlen 1 bis 6 fallen. Diese sechs Möglichkeiten werden als Zahl von 1 bis 6 angezeigt. Mit jedem Tastendruck auf = wird neu „geworfen“.

N1 DEG W-VIEW
R.DICE=
5.

N1 DEG W-VIEW
R.DICE=
3.

3.9 Ganzzahlige Division mit Rest

Nur die Modelle W550, W550TG, W531 T, W506

Eine ganzzahlige Division liefert in der Regel einen Rest. Diese Division kann mit der Funktion **Int ÷** durchgeführt werden.
Sie befindet sich auf der Zweitbelegung über der Taste

- **Exp**
  Modelle W550 / W550TG
- **STO**
  Modelle W506 / W531 T

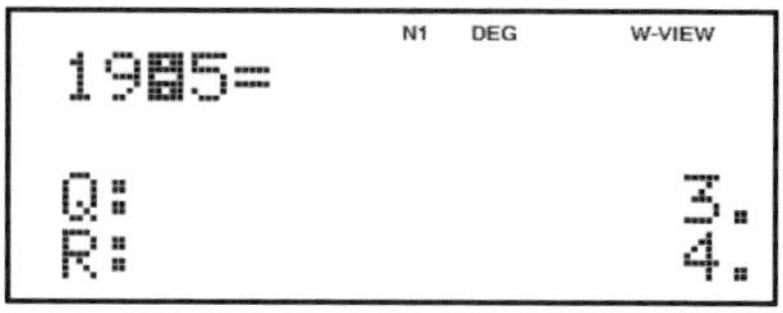

```
N1  DEG  W-VIEW
19÷5=

Q:          3.
R:          4.
```

$$19:5 = 3, Rest\ 4$$

Q: das ganzzahlige Ergebnis
R: Rest der ganzzahl. Division

3.10 Kombinatorik

Fakultät

Mögliche Kombinationen

Bei einem Pferderennen mit 12 Pferden gibt es 12! Möglichkeiten der Einlaufreihenfolge. Die Funktion Fakultät erhalten wir mit der Taste **n!** über die Zweitbelegung **2ndF** + **4**.

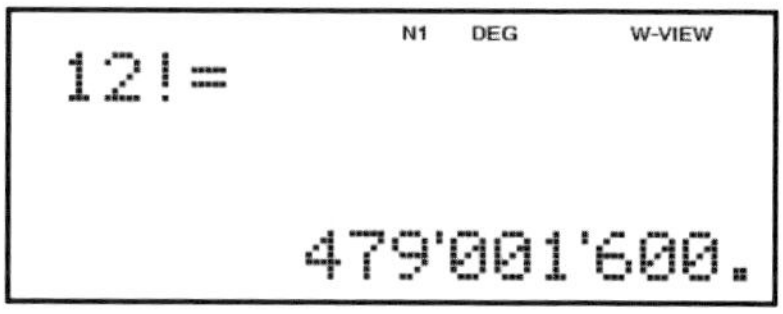

```
N1  DEG  W-VIEW
12!=

      479'001'600.
```

Permutationen - Ziehen aus einer Urne ohne Zurücklegen mit Beachtung der Reihenfolge (nPr)

Nicht beim IQB Modell W550TG

Zieht man aus einer Urne mit n Kugeln r Kugeln heraus, ohne diese zurückzulegen, so gibt es $\frac{n!}{(n-r)!}$ Möglichkeiten.

Diese nennt man **Permutationen**.

Auf dem Rechner befindet sich hierzu die die Taste **nPR** bzw. **Permut** die über die Zweitbelegung **2ndF** + **6** erreichbar ist.

N1 DEG W-VIEW
49P6=
1.006834752E10

Wir ziehen 6 Kugeln aus 49.

Beachte:
n muss vor dem Drücken der Taste **nPr/Permut** eingegeben werden!

Binomialkoeffizient - Ziehen aus einer Urne ohne Zurücklegen und ohne Reihenfolge (nCr)

Zieht man aus einer Urne mit n Kugeln r Kugeln heraus, ohne diese zurück zu legen und ohne die Reihenfolge zu berücksichtigen, so gibt es $\frac{n!}{r!\cdot(n-r)!} = \binom{n}{r}$ Möglichkeiten.
Diese Zahl nennt man auch **Binomialkoeffizient.**

Auf dem Rechner befindet sich hierzu die die Taste **nCR** bzw. **BinKo** die über die Zweitbelegung **2ndF** + **5**
erreichbar ist.

N1 DEG W-VIEW
49C6=
13'983'816.

Wir ziehen 6 Kugeln aus 49.

Beachte:
n muss vor dem Drücken der Taste **nCr/BinKo** eingegeben werden!

3.11 Ableitung einer Funktion

Nur das Modell W506

Für die Ableitung einer Funktion an einer Stelle x_0 hat der Rechner W506 T eine eigene Taste für $\frac{d}{dx}|_{x=}$. Hierzu müssen wir die Taste **)** über die Zweitbelegung **ALPHA** drücken.

Wir berechnen:

$$\frac{d}{dx}(x^2+2)dx\,|_{x=2} = 4$$

3.12 Integral einer Funktion

Nur das Modell W506

Für die Berechnung des Integrals einer Funktion einer hat der Rechner W506 eine eigene Taste für $\int_a^b f(x)dx$. Hierzu müssen wir die Taste **(** über die Zweitbelegung **ALPHA** drücken.

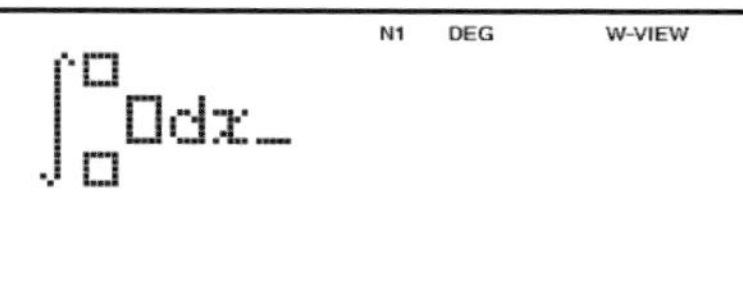

Wir berechnen:

$$\int_0^2 x^2\,dx = \frac{8}{3} = 2\frac{2}{3}$$

4 Physikalische Konstanten/ Umrechnungen

Nur die Modelle W550, W506 | IQB Modell W550TG nur Konstanten

4.1 Physikalische Konstanten

Physikalische Konstanten können mit der Taste **KONST/CONST** in Berechnungen eingefügt werden.

Modell W550/W550TG	Modell W506
KONST = 2ndF + RCL	CONST = ALPHA + 4

Die folgenden Konstanten sind im Rechner hinterlegt:

01 Lichtgeschwindigkeit im Vakuum
02 Gravitationskonstante
03 Gravitationsbeschleunigung
04 Elektronenmasse
05 Protonenmasse
06 Neutronenmasse
07 Muonen-Ruhemasse
08 Relative Atommasse
09 Elementarladung
10 Plancksches Wirkungsquantum
11 Boltzmann-Konstante
12 Magnetische Konstante
13 Elektrische Konstante
14 klassischer Elektronenradius
15 Feinstrukturkonstante
16 Bohrscher Radius
17 Rydberg-Konstante
18 magnetisches Flußquant
19 Bohr'sches Magneton
20 magn. Moment des Elektrons
21 Kernmagneton
22 magn. Moment des Protons
23 magn. Moment des Neutrons
24 magn. Moment des Muons
25 Compton Wellenlänge
26 Compton Wellenlänge d. Protons
27 Stefan Boltzmann Konstante
28 Lochschmidtsche Zahl
29 Molvolumen idealer Gase
30 Molare Gaskonstante
31 Faraday-Konstante
32 von-Klitzing-Konstante
33 e/m Verhältnis des Elektrons
34 Quantum des Umlaufintegrals
35 gyromagn. Verhältnis des Protons
36 Josephson-Konstante
37 Elektronenvolt
38 Temperatur 0°C in K
39 Astronomische Einheit
40 Parsek
41 Mol. Masse von Kohlenstoff-12
42 Planck-Konstante über 2 pi
43 Hartree-Energie
44 Quantum des Umlaufintegrals
45 Inverse Feinstrukturkonstante
46 Masse-Verhältnis Elektron-Proton
47 Molare Massekonstante
48 Compton-Wellenlänge Elektron
49 Erste Strahlenkonstante
50 Zweite Strahlenkonstante
51 Char. Impedanz des Vakuums
52 Standard des atmosphär. Drucks

Wichtig: Bei der Auswahl der einstelligen Nummern einer Konstante muss die vorangehende Ziffer 0 mit eingegeben werden.

Die Gewichtskraft der Masse $m = 0{,}1\ kg$ beträgt:

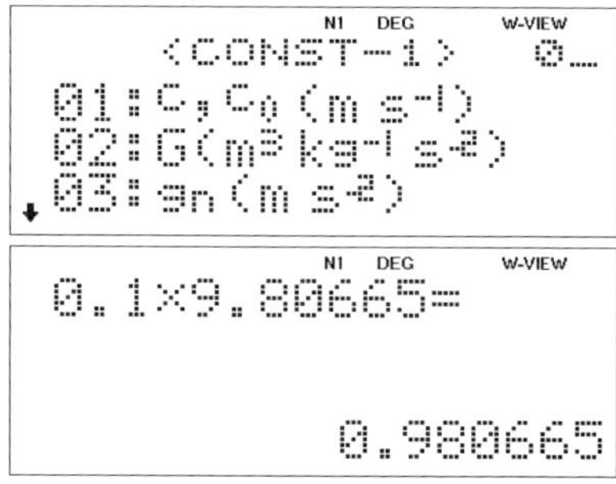

$$F = m \cdot g$$

$$= 0{,}1\ kg \cdot \frac{9{,}80665N}{kg}$$

$$= 0{,}980665\ N$$

4.2 Umrechnung von Einheiten

Modell W550	Modell W506
EINH = **2ndF** + **STO**	CONV = **ALPHA** + **5**

Zur Umrechnung von Einheiten stehen 44 verschiedene Möglichkeiten auf insgesamt 15 Unterseiten zur Auswahl.

Beispiel:

Wie viele Zentimeter (**cm**) sind 100 Inch/Zoll (**in**)?
Hierzu müssen wir immer die Maßzahl als erstes eingeben, bevor wir die Umrechnung aufrufen.

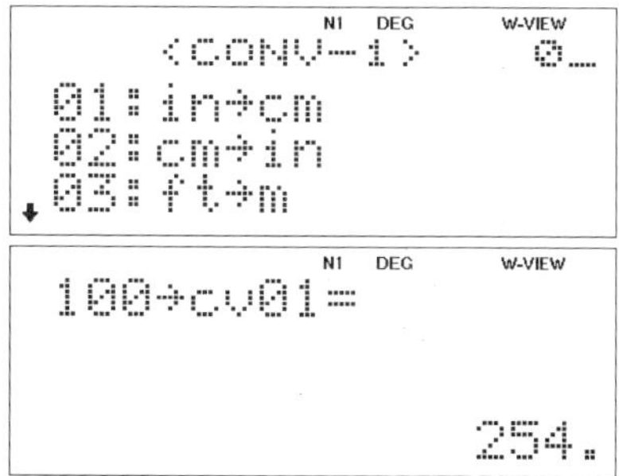

$$100\ in\ =\ 254\ cm$$

Die folgenden Größen können ineinander umgerechnet werden:

N1 DEG W-VIEW
<CONV-1>
01:in→cm
02:cm→in
03:ft→m

N1 DEG W-VIEW
<CONV-2>
04:m→ft
05:yd→m
06:m→yd

N1 DEG W-VIEW
<CONV-3>
07:mi→km
08:km→mi
09:n mi→m

N1 DEG W-VIEW
<CONV-4>
10:m→n mi
11:acre→m^2
12:m^2→acre

N1 DEG W-VIEW
<CONV-5>
13:oz→g
14:g→oz
15:lb→kg

N1 DEG W-VIEW
<CONV-6>
16:kg→lb
17:°F→°C
18:°C→°F

N1 DEG W-VIEW
<CONV-7>
19:gal(US)→L
20:L→gal(US)
21:gal(UK)→L

N1 DEG W-VIEW
<CONV-8>
22:L→gal(UK)
23:fl oz(US)→mL
24:mL→fl oz(US)

N1 DEG W-VIEW
<CONV-9>
25:fl oz(UK)→mL
26:mL→fl oz(UK)
27:cal_{th}→J

N1 DEG W-VIEW
<CONV-10>
28:J→cal_{th}
29:cal_{15}→J
30:J→cal_{15}

N1 DEG W-VIEW
<CONV-11>
31:cal_{IT}→J
32:J→cal_{IT}
33:hp→W

N1 DEG W-VIEW
<CONV-12>
34:W→hp
35:ps→W
36:W→ps

N1 DEG W-VIEW
<CONV-13>
37:kgf/cm^2→Pa
38:Pa→kgf/cm^2
39:atm→Pa

N1 DEG W-VIEW
<CONV-14>
40:Pa→atm
41:mmHg→Pa
42:Pa→mmHg

N1 DEG W-VIEW
<CONV-15>
43:kgf·m→N·m
44:N·m→kgf·m

5 Modus DISTR – Verteilungsfunktionen

Nur die Modelle W550, W550TG, W506

Die verschiedenen Verteilungsfunktionen wie:

- Binomialverteilung
- Normalverteilung
- Poissonverteilung

sind nur bei den Modellen W550/W550TG und W506 hinterlegt. Mit allen anderen Modellen muss man die einzelnen Funktionen der Kombinatorik nutzen und die Formeln ausführlich einzeln eingeben!

5.1 Verteilungsfunktionen – Distribution Übersicht

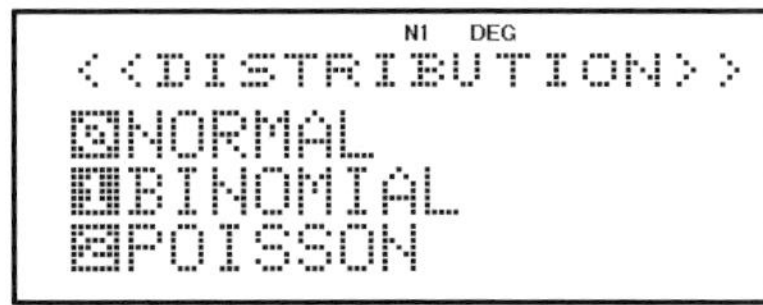

Auswahl bei **Modell W506**

DEG W-VIEW
<<DISTR-1>>
0:Normal pdf
1:Normal cdf
2:Inverse Normal

Modell W550

3 Seiten zur Auswahl

- **pdf = Einzelberechnung**
- **cdf = kumulierte Werte**

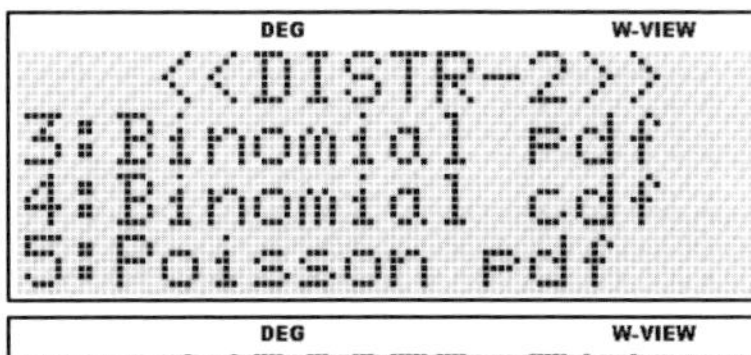

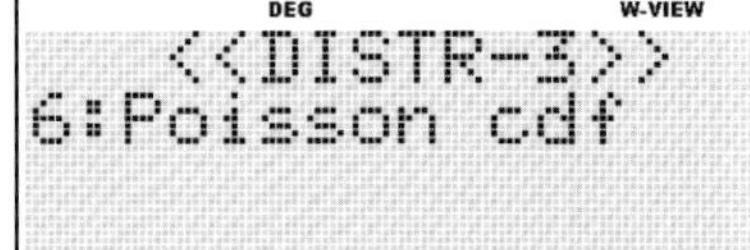

IQB Modell W550TG
0 Normal cdf
1 Binomial pdf
2 Binomial cdf
3 Binomial pdf2
4 Possion pdf
5 Poisson cdf

5.2 Binomialverteilung

Bernoulli-Experiment und Wahrscheinlichkeitsverteilung

Die Formel für eine Binomialverteilung ist im Rechner hinterlegt.

$$P(k) = \binom{n}{k} \cdot p^k \cdot (1-p)^{n-k}$$

Ein Werkstück hat bei einer einzelnen Prüfung einen Fehler mit einer Wahrscheinlichkeit von 0,1 %. Die Prüfung wird 100-mal durchgeführt. Die Wahrscheinlichkeit, genau *k* fehlerhafte Werkstücke zu finden ist $P(k)$.

$$p = 0{,}001\ n = 100, k = 10$$

W506

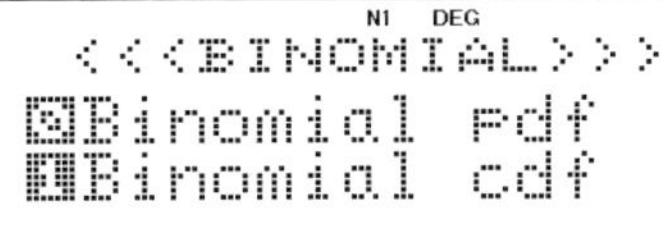

N1 DEG
Binomial pdf
x: 10.
n: 100.
p: 0.001

N1 DEG
Binomial pdf
ANS=
1.581971926E-17

W550

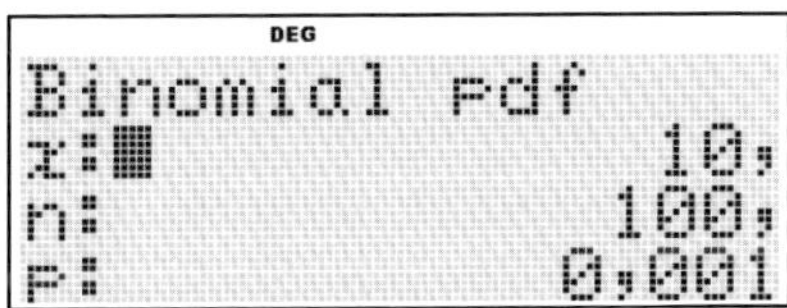

DEG
Binomial pdf
ANS=
1,581971926E-17

Kumulierte Binomialverteilung (Binomial cdf)

Berechne die kumulierte Binomialverteilung für:

$$n = 10, k = 5, p = 0{,}3$$

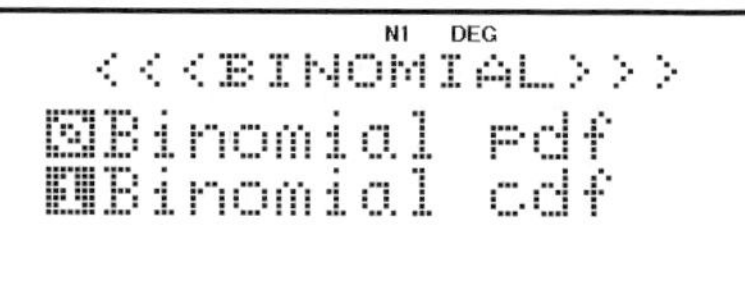

Wir wählen **Binomial cdf**.

```
N1 DEG
Binomial cdf
x:          5.
n:         10.
p:         0.3
```

Hier geben wir die Parameter ein.

```
N1 DEG
Binomial cdf
ANS=
      0.952651012
```

Die Wahrscheinlichkeit, dass bei 10 Werkstücken zwischen 0 .. 5 Stück fehlerhaft sind, wenn die Wahrscheinlichkeit für ein fehlerhaftes einzelnes Werkstück 30 % beträgt, liegt bei etwa 95 %.

6 Modus TABLE – Wertetabelle

Nur die Modelle W550, W550TG, W531 T, W506

In diesem Modus können Wertetabellen zu Funktionen erzeugt werden. Bei den Modellen W531 T sowie W506 können zwei verschiedene Funktionen eingegeben werden, beim Modell W550 nur eine Funktion. Das IQB-Modell W550TG bietet die Möglichkeit, zwei Funktionen f(x) und g(x) einzugeben.

Die wichtige Variable x für die Eingabe von Funktionen befindet sich in der Zweitbelegung mit der Taste **ALPHA** über der Taste **RCL**.

Eingabe von 2 Funktionen bei den Modellen W531 T und W506

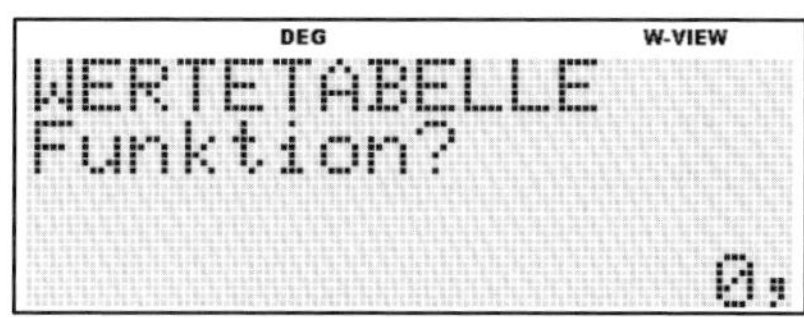

Eingabe beim Modell W550

Wir legen eine Wertetabelle für die beiden Funktionen

$f(x) = x^2 - 4x$ und

$g(x) = \sqrt{x-2}$ an.

Als Startwert wählen wir

X_START: -5

und als Schrittweite

X_STEP: 1

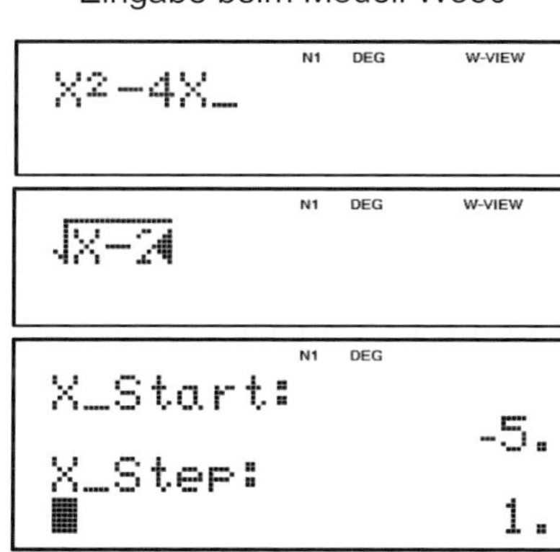

Die Schrittweite gilt für beide Funktionen. Sollte wie im Beispiel eine Funktion im Bereich nicht überall definiert sein, erscheinen die y-Werte ausgestrichelt.

Ab einem gültigen Bereich erscheinen dann die Funktionswerte wieder.

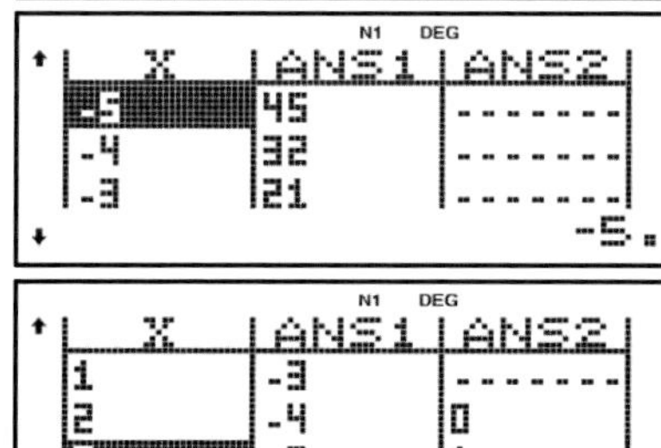

7 Modus STAT – Statistische Funktionen und Regression

Im Statistikmodus können Statistiken mit Einzelvariablen sowie verschiedene Regressionen durchgeführt werden. Die verschiedenen Funktionen werden bei den verschiedenen Modellen jeweils etwas anders im Menüfenster angeboten.

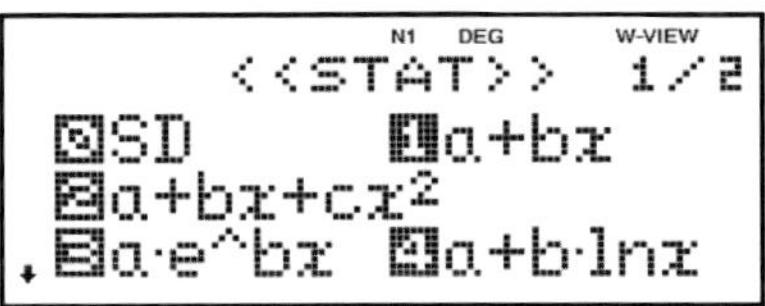

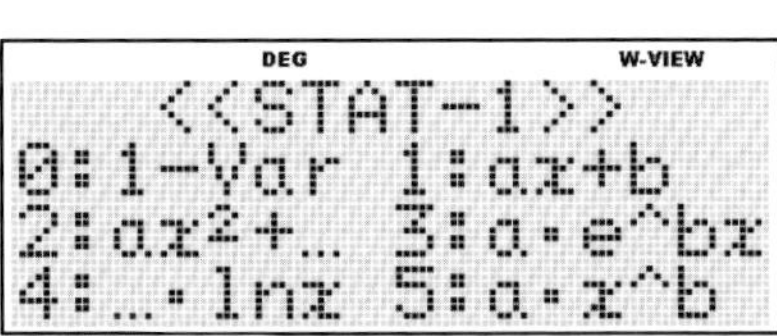

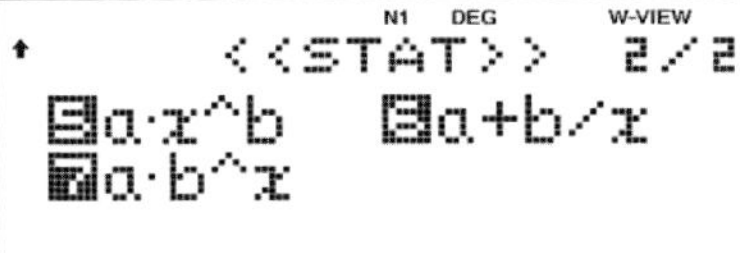

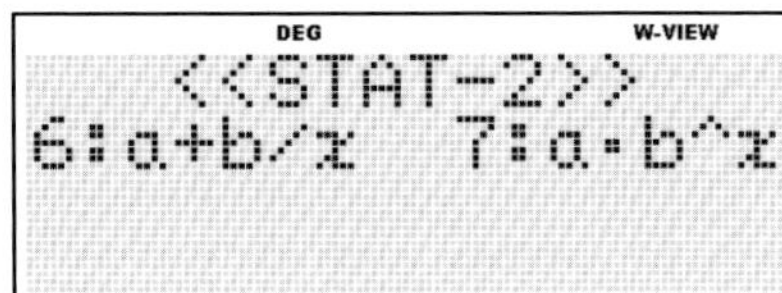

Modelle W531 T und W506

Modell W550

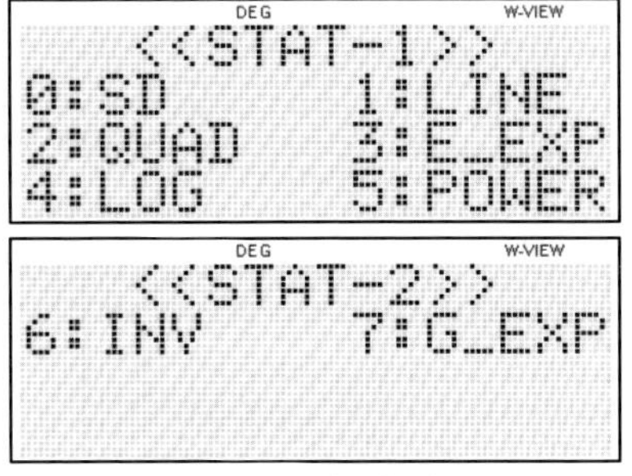

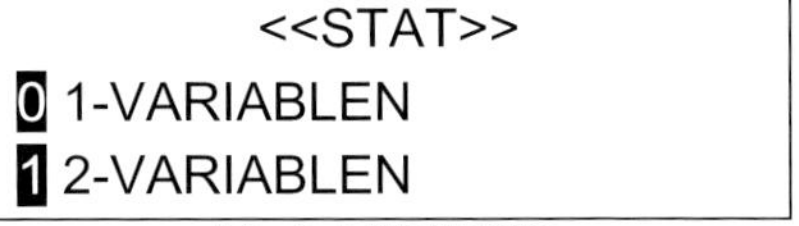

Modell W550TG

Das Modell W550TG enthält keine Regressionsfunktionen sowie Standardabweichung und Mittelwert!

Modelle W531 X

Die einzelnen Funktionen im Überblick:

0: SD / 1-VAR	Statistiken mit Einzelvariablen
1: LINE / $ax + b$	Lineare Regression
2: QUAD / $a + bx + cx^2$ / ax^2+..	Quadratische Regression
3: E_EXP / $a \cdot e^{bx}$	Eulersche Exponentialregression
4: LOG / $a + b \cdot lnx$	Logarithmische Regression
5: POWER / $a \cdot x$^b	Potenz-Regression
6: INV / $a + b/x$	Inverse Regression
7: G_EXP / $a \cdot b$^x	Allgemeine Exponentialregression

7.1 Stichproben / Mittelwert / Standardabweichung

Dateneingabe

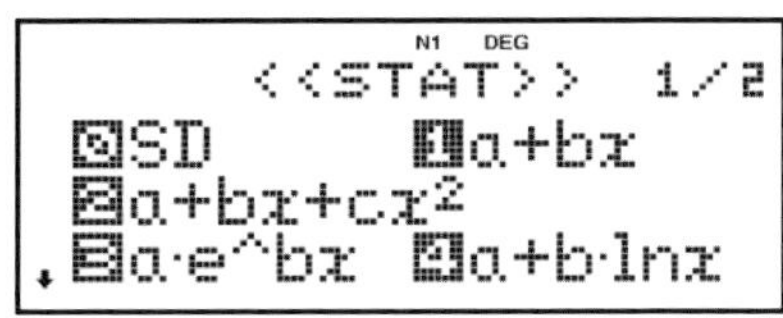

Wir wählen den Modus **STAT** und hier die Funktion **0: SD** bzw. **0: 1-VAR**.
In die leere Tabelle tragen wir die folgenden Werte ein:

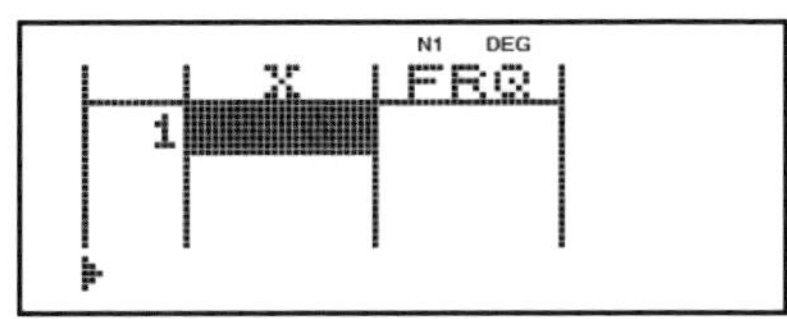

30, 29, 31, 33, 29, 30, 30, 32, 29

Die Spalte FRQ für Frequenz oder Häufigkeit lassen wir leer. Die Werte werden dann automatisch mit „1" besetzt.

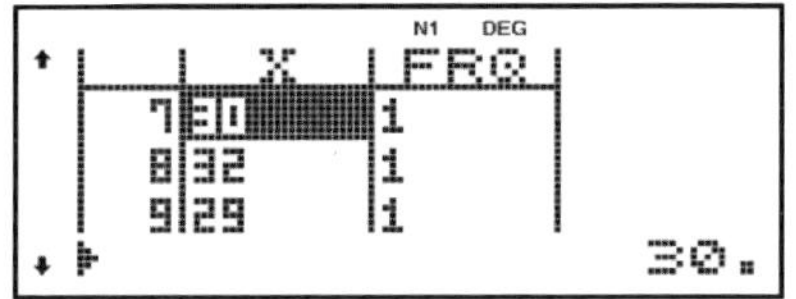

Bei den Modellen W531 X müssen die Werte einzeln mit der Taste DATA (CHANGE) eingegeben werden!

Datenauswertung

Nur die Modelle W531 T, W506

Zunächst drücken wir zum Abschluss der Eingabe die Taste **DATA** (**CHANGE**) oder **On/C**. Es erscheint im Display:
Stat 0[SD].

Anschließend drücken wir die Taste **ALPHA** + **8** (STAT).

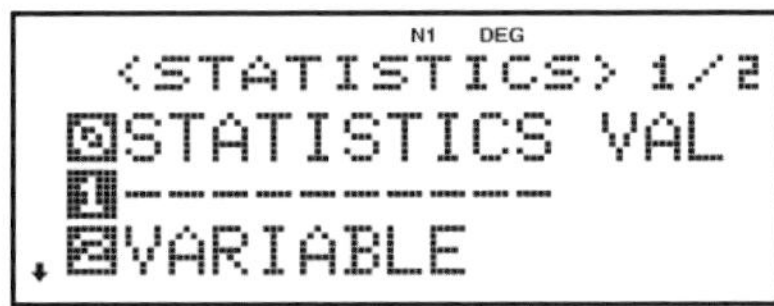

Hier wählen wir **0 STATISTICS VAL** um alle statistischen Variablen zu erhalten. Diese erscheinen nun auf insgesamt 4 Seiten.

```
N1 DEG
n    =          9.
x̄    = 30.3333333
sx   = 1.41421356
s²x  =          2.
```

```
N1 DEG
σx   = 1.33333333
σ²x  = 1.77777778
Σx   =        273.
Σx²  =      8'297.
```

```
N1 DEG
xmin=          29.
Q1   =         29.
Med  =         30.
Q3   =        31.5
```

```
N1 DEG
xmax=          33.
```

Für alle anderen Modelle müssen die jeweiligen statistischen Variablen einzeln über die Taste **ALPHA** + die jeweilige Taste aufgerufen werden. Allerdings stehen bei diesen Modellen nicht alle Variablen zur Verfügung.

Übersicht über die statistischen Variablen und die Funktionstasten bei den Modellen W550 und W531 X

n	Anzahl der Werte		**ALPHA** + **0**
$\bar{x}$	Mittelwert		**ALPHA** + **4**
sx	Standardabweichung	einer Stichprobe	**ALPHA** + **5**
σx	Standardabweichung	der Gesamtprobe	**ALPHA** + **6**
$\sum x$	Summe der Werte		**ALPHA** + **.**
$\sum x^2$	Quadratsumme der Werte		**ALPHA** + **(-)**

7.2 Lineare Regression

Regressionsberechnungen sind beim IQB Modell W550TG NICHT möglich!

Aus genau zwei Punkten kann man eine Geradengleichung oder lineare Funktionsgleichung bestimmen. Bei Messreihen in der Physik muss manchmal ebenso eine Gerade durch mehr als zwei Punkte gelegt werden. In diesem Fall verläuft die Gerade nicht exakt durch alle Punkte, sondern stellt eine Art „Bestgerade" dar. Beide Fälle werden wir hier betrachten.

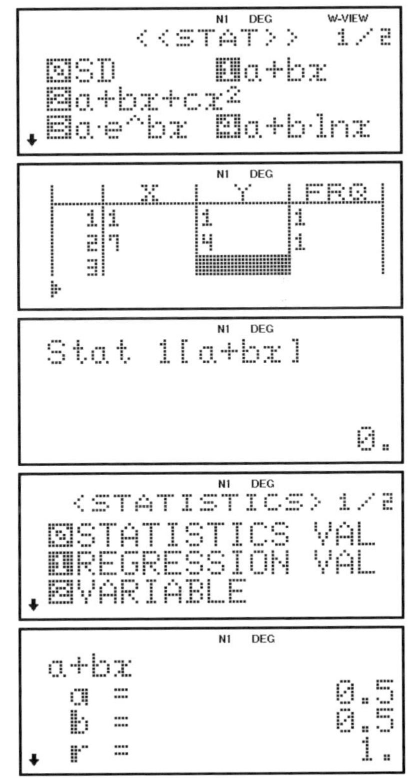

Wir bestimmen die Geradengleichung einer Geraden durch die Punkte **A (1|1)** und **B (7|4)**.

Wir wählen den Modus **STAT** und **1:$a + bx$** bzw. **1:LINE** für die lineare Regression. Jetzt geben wir die (x|y) Wertepaare in die Tabelle oder einzeln über DATA (**CHANGE**) ein.

Die Eingabe schließen wir mit der Taste **On/C** ab und rufen mit der Taste **ALPHA** + **8** (**STAT**) die Berechnung der Parameter auf. Hier wählen wir **1 REGRESSION VAL**, um die Regressionsparameter zu erhalten. Als Ergebnis erhalten wir:

$a = 0{,}5$ und $b = 0{,}5$

Die Gleichung der gesuchten Funktion lautet:

$$f(x) = 0{,}5 \cdot x + 0{,}5$$

In der Anzeige des Rechners:

$$f(x) = a + bx = 0{,}5 + 0{,}5 \cdot x$$

Für die Modelle W531X sowie W550 müssen die jeweiligen Parameter a, b, r einzeln über die Taste ALPHA + die jeweilige Taste abgerufen werden.

7.3 Quadratische Regression

Regressionsberechnungen sind beim IQB Modell W550TG NICHT möglich!

Achtung!
Bei den einzelnen Modellen werden verschiedene Darstellungsformen des quadratischen Funktionsterms verwendet! Das muss man berücksichtigen, wenn man die gefundenen Parameter **a, b, c** einsetzt!

W550:

$$f(x) = \boldsymbol{a} \cdot x^2 + \boldsymbol{b} \cdot x + \boldsymbol{c}$$

Für alle anderen Modelle:

$$f(x) = \boldsymbol{a} + \boldsymbol{b} \cdot x + \boldsymbol{c} \cdot x^2$$

Um eine allgemeine quadratische Funktion der Form

$$f(x) = a \cdot x^2 + b \cdot x + c$$

eindeutig zu bestimmen, benötigt man mindestens 3 Punkte. Als Beispiel nehmen wir die 3 Punkte **A (2|2,5)**, **B (3|3)** und **C (5|1)**.

Wir wählen den Modus **STAT** und **2:** $\boldsymbol{a + b \cdot x + c \cdot x^2}$ bzw. **2:QUAD** für die quadratische Regression. Jetzt geben wir die (x|y) Wertepaare in die Tabelle oder einzeln über **DATA** (**CHANGE**) ein.

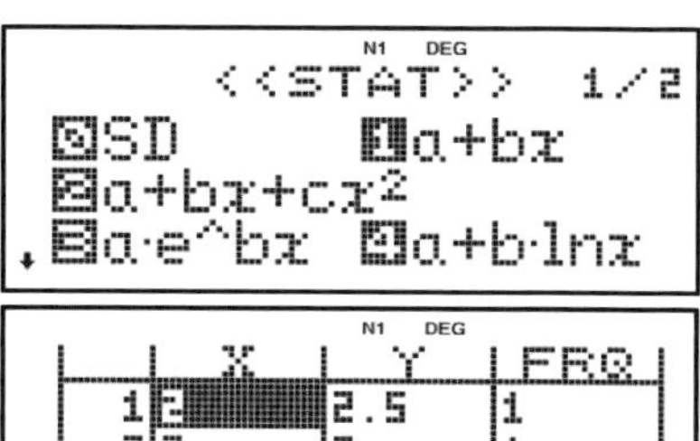

Die Eingabe schließen wir mit der Taste **On/C** ab und rufen mit der Taste **ALPHA** + **8** (**STAT**) die Berechnung der Parameter auf.
Hier wählen wir:
1 REGRESSION VAL, um die Regressionsparameter zu erhalten.

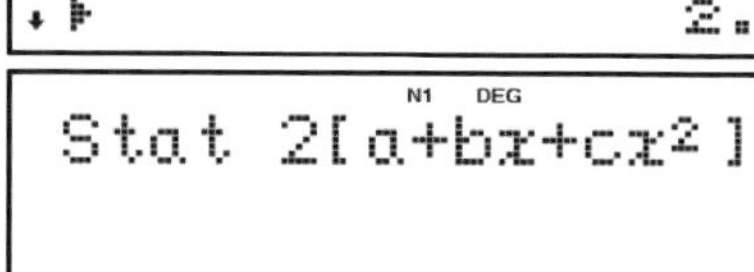

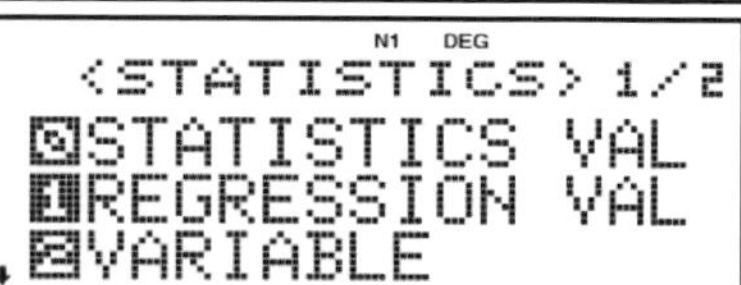

Als Ergebnis erhalten wir die Parameter a, b, c.

N1 DEG
a+bx+cx²
a = -1.5
b = 3.
c = -0.5

Die gesuchte quadratische Funktion lautet:

$$f(x) = -0{,}5 \cdot x^2 + 3 \cdot x - 1{,}5$$

Oder in der festgelegten Form des Rechners:

$$f(x) = -1{,}5 + 3 \cdot x - 0{,}5 \cdot x^2$$

Für die Modelle W531 X sowie W550 müssen die jeweiligen Parameter a, b, c, r einzeln über die Taste ALPHA + die jeweilige Taste abgerufen werden.

7.4 Exponentielle Regression

Regressionsberechnungen sind beim IQB Modell W550TG NICHT möglich!

Eine Algenpopulation in einem See verdoppelt alle 3 Tage ihre Fläche. Zum Zeitpunkt **t = 0** sind bereits **10 m²** mit Algen zugewachsen.

Die Aufgabenstellung

Bestimme eine Exponentialfunktion, die das Algenwachstum beschreibt. Wir erstellen hierzu eine Wertetabelle und führen eine exponentielle Regression durch. Aufgrund der Wachstumsvorgabe können wir leicht eine Wertetabelle erstellen.

Zeit [Tage]	0	3	6	9	12
Fläche [m^2]	10	20	40	80	160

Mit diesen Werten führen wir eine exponentielle Regression durch.

Wir wählen den Modus **STAT** und **3:$a \cdot e$^bx** bzw. **3:E_EXP** für die exponentielle Regression.
Jetzt geben wir die (x|y) Wertepaare in die Tabelle oder einzeln über DATA (**CHANGE**) ein.
Die Eingabe schließen wir mit der Taste **On/C** ab und rufen mit der Taste **ALPHA** + **8** (**STAT**) die Berechnung der Parameter auf.

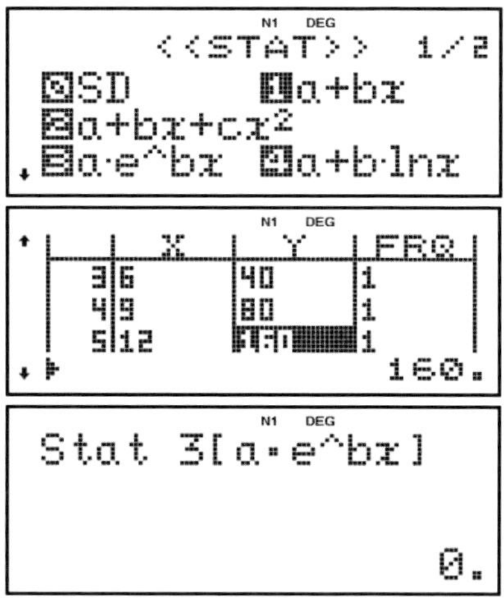

Hier wählen wir:

1 REGRESSION VAL, um die Regressionsparameter zu erhalten.

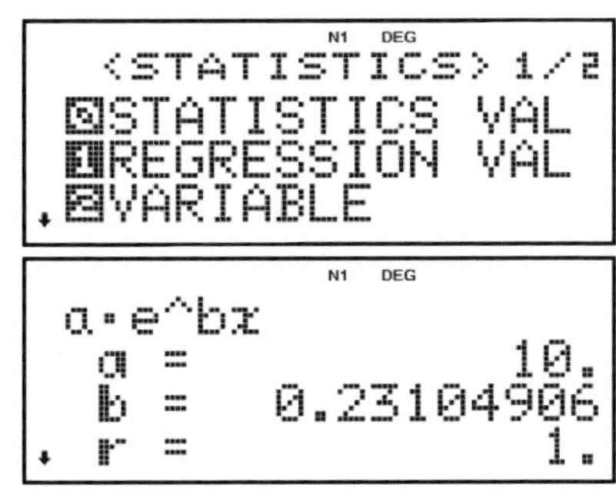

Die gesuchte Funktion lautet:

$$f(x) = 10 \cdot e^{0{,}231 \cdot x}$$

<u>**Auch hier gilt wieder:**</u> **Für die Modelle W531 X sowie W550 müssen die jeweiligen Parameter a, b, c, r einzeln über die Taste ALPHA + die jeweilige Taste abgerufen werden.**

8 MODUS EQUATION – Gleichungen und Gleichungssysteme

Nur das Modell W506

Das Modell W506 bietet im Menü **MODE** den Modus 4 EQUATION an! Im weiteren Verlauf hat man die folgenden Auswahlmöglichkeiten:

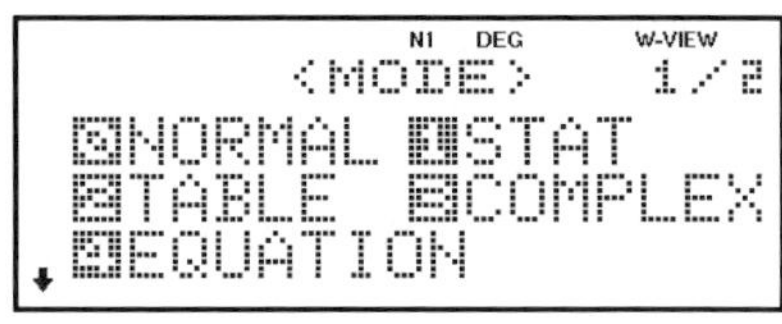

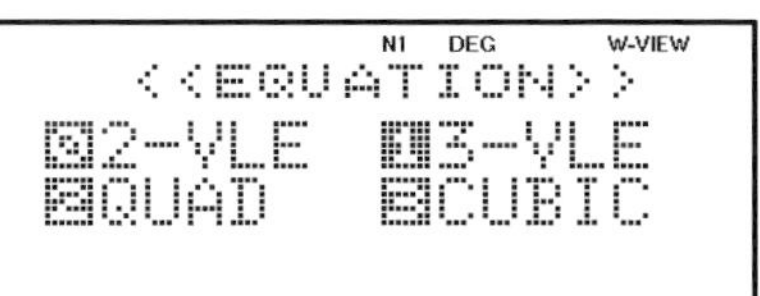

0 2-VLE
2 Gleichungen mit 2 Unbekannten

1 3-VLE
3 Gleichungen mit 3 Unbekannten

2 QUAD
Quadratische Gleichungen lösen

3 CUBIC
Kubische Gleichungen lösen

8.1 Quadratische und Kubische Gleichungen

Wir wollen die quadratische Gleichung

$$4x^2 - 16x + 12 = -4$$

Lösen. Vor der Eingabe in den Rechner müssen wir die rechte Seite Null setzen, d.h. die Gleichung muss in diese Form gebracht werden:

$$4x^2 - 16x + 16 = 0$$

Wir wählen im Menü **2 QUAD** und geben die Parameter ein:

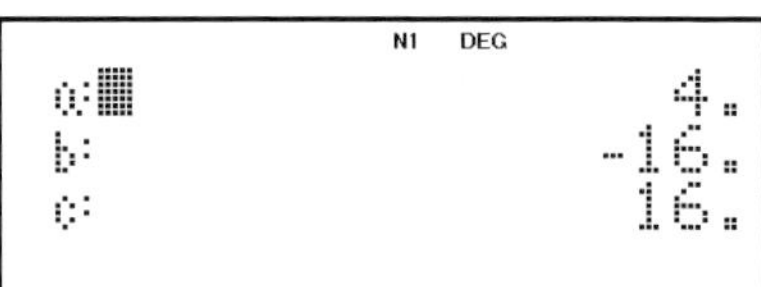

und erhalten als Lösung:

Die Parameter auf der linken Seite werden wie folgt zugeordnet:

$$a = 4, b = -16, c = 16$$

In diesem Beispiel ist das die einzige Lösung.

Quadratische Gleichung mit zwei Lösungen

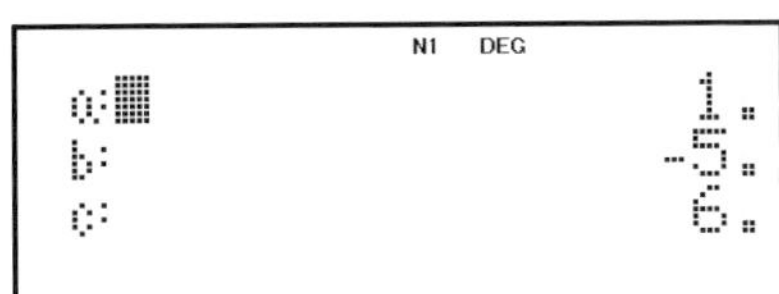

Wir wollen nun die folgende Gleichung lösen:

$$x^2 - 5x + 6 = 0$$

Die Parameter lauten nun:

$$a = 1, b = -5, c = 6$$

Nach der Eingabe erscheinen direkt die beiden Lösungen:

$$x_1 = 3, x_2 = 2$$

8.2 Gleichungssysteme mit 2 oder 3 Unbekannten

Wir lösen beispielhaft ein Gleichungssystem mit 3 Gleichungen und 3 Unbekannten. Hierzu wählen wir im Menü:

1 3-VLE.

Es erscheint ein Eingabefenster mit den Parametern:

$$a1, b1, c1, d1 \dots c3, d3.$$

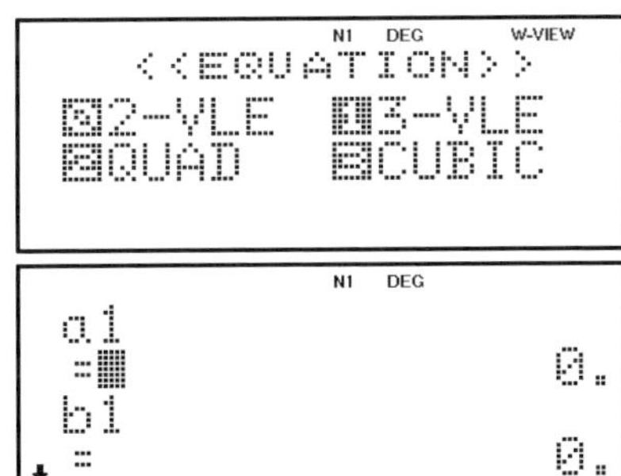

Die Parameter stehen für die folgenden Variablen in einem Gleichungssystem:

$$(1)\ a1 \cdot x + b1 \cdot y + c1 \cdot z = d1$$
$$(2)\ a2 \cdot x + b2 \cdot y + c2 \cdot z = d2$$
$$(3)\ a3 \cdot x + b3 \cdot y + c3 \cdot z = d3$$

Wir wollen das folgende Gleichungssystem lösen:

$$(1)\ 3 \cdot x + 5 \cdot y + 4 \cdot z = 10$$
$$(2)\ 2 \cdot x - 1 \cdot y + 5 \cdot z = -9$$
$$(3)\ x + y + z = 3$$

Nach der richtigen Eingabe der 12 Parameter erhalten wir die Lösung für x, y, z.

$$x = 4, y = 2, z = -3$$

In der Lösung erscheint ein zusätzliches Ergebnis D = 9.

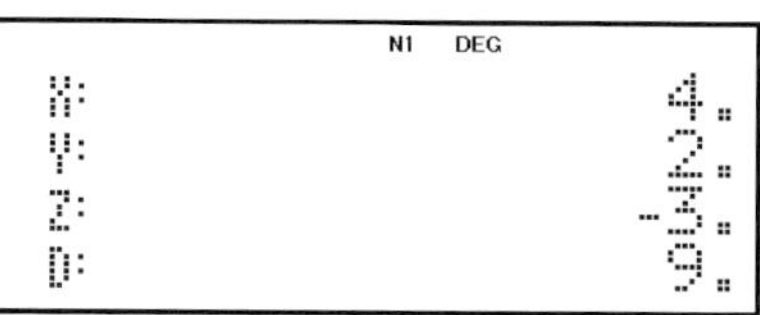

Welche Bedeutung hat der Parameter D = 9 in der Lösung?

D ist die Determinante der 3x3 Matrix, die aus den Parametern a, b, c besteht. In unserem Beispiel:

$$Det\begin{pmatrix} 3 & 5 & 4 \\ 2 & -1 & 5 \\ 1 & 1 & 1 \end{pmatrix} = 9$$

Ein Gleichungssystem ohne Lösung

Nicht jedes Gleichungssystem hat Lösungen. Daher wollen wir noch ein Beispiel betrachten, das keine Lösungen hat.

$$(1)\ 4 \cdot x - y + z = 0$$
$$(2)\ 3 \cdot x - 3 \cdot y + 3 \cdot z = 5$$
$$(3)\ -x + y - z = 0$$

N1 DEG

- ERROR 02 -

Calculation

Anzeige bei keiner Lösung!

9 MODUS MATRIX/VECTOR – Rechnen mit Matrizen und Vektoren

Nur das Modell W506

Um mit Vektoren und Matrizen rechnen zu können, müssen wir uns im entsprechenden Modus **5 MATRIX** oder **6 VECTOR** befinden.
Der Entsprechende Modus wird nach der Auswahl im Display angezeigt.

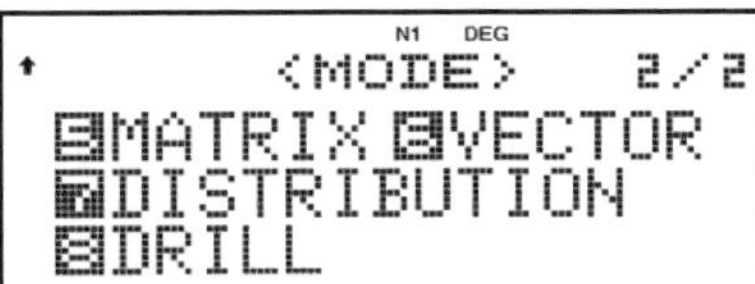

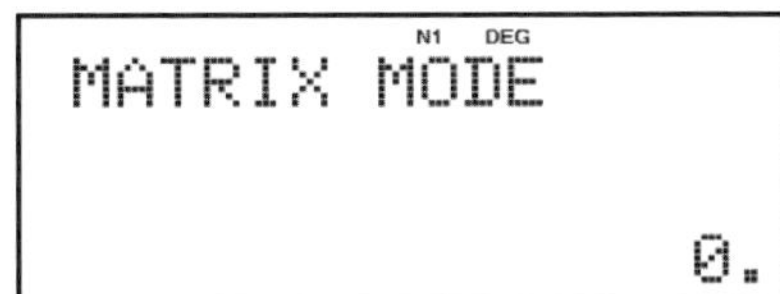

Rechenoperationen für die Matrizen- bzw. Vektorrechnung werden im Folgenden über die Taste **MATH** aufgerufen.

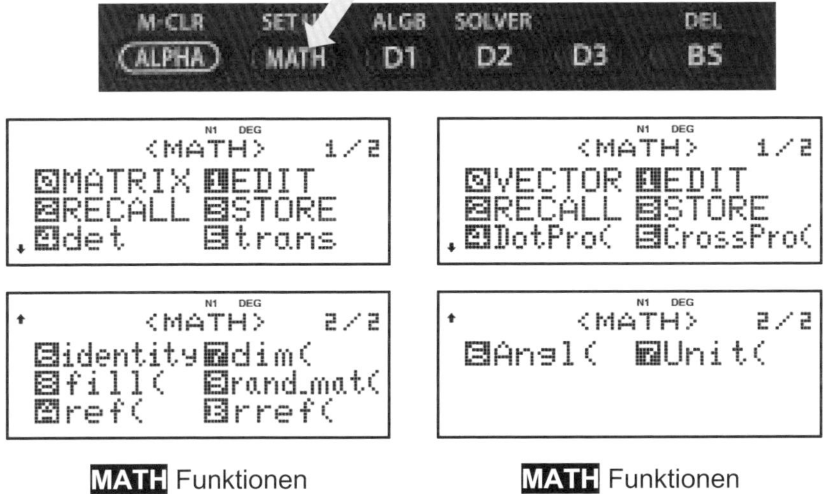

MATH Funktionen für MATRIX MODE

MATH Funktionen für VECTOR MODE

Wir können nur mit Vektoren oder Matrizen rechnen, die wir zuvor eingegeben und gespeichert haben!

9.1 Rechnen mit Vektoren

Wir legen zwei Vektoren an:

$$\vec{a} = \begin{pmatrix} 1 \\ 3 \\ 5 \end{pmatrix}, \vec{b} = \begin{pmatrix} 0 \\ 1 \\ -3 \end{pmatrix}$$

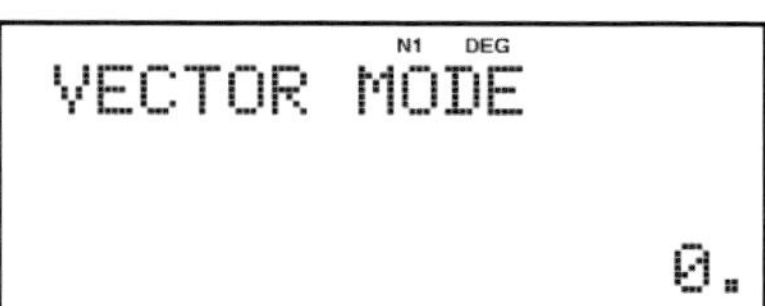

Hierzu wählen wir im **VECTOR** Modus zunächst **MATH** und **1 EDIT** um die Vektoren zu definieren.

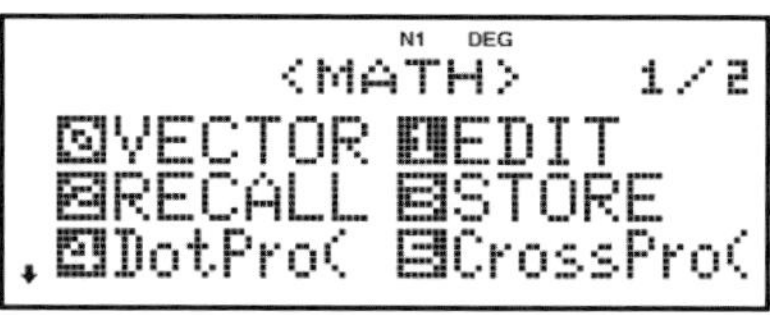

Mit der Taste **On/C** gehen wir aus der Eingabe zurück. Es erscheint wieder das Fenster „**VECTOR MODE**“. Nun müssen wir die Matrix speichern. Wir drücken wieder **MATH** und wählen **3 STORE**.

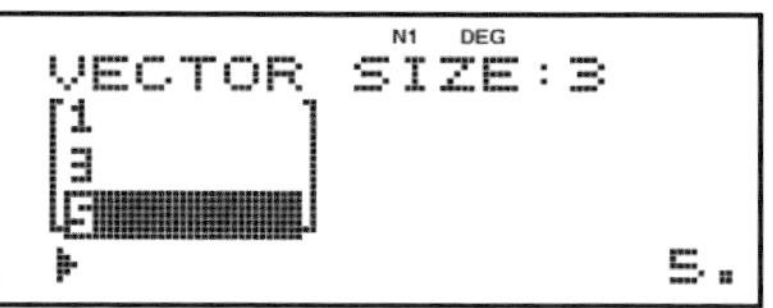

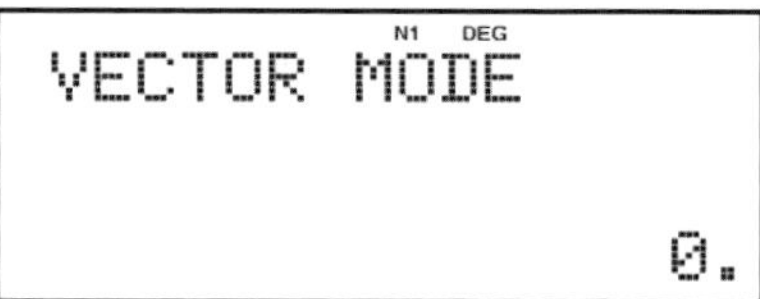

Für den ersten Vektor, den wir speichern, wählen wir **0 vectA**. Der neue Vektor in nun in der ersten Variablen, **vectA** gespeichert.

Für einen kurzen Moment erscheint der Text „**STORED**“.

N1 DEG
STORED!

Der Vektor ist gespeichert.

Analog definieren wir Vektor $\vec{b}$.

Berechnungsmöglichkeiten mit Vektoren

Mit der Taste **MATH** erhalten wir im **VECTOR Modus** die Optionen für die Vektorrechnung:

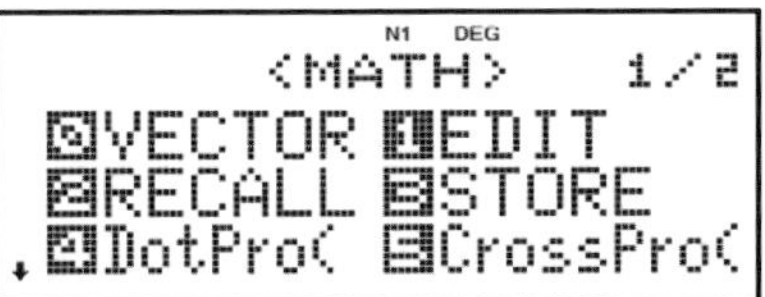

N1 DEG
<MATH> 2/2
6 Angl(7 Unit(

Betrag eines Vektors

Die Betragsfunktion befindet sich in der Zweitbelegung **2ndF** auf der Taste **(-)**. Diese Betragsfunktion verwenden wir auch für einen Vektor.

abs(vectA)_

In das Argument des Betrags fügen wir den ersten gespeicherten Vektor **vctA** ein.

abs(vectA)=
5.916079783

Abstand von zwei Vektoren, Addition und Subtraktion

Wir berechnen den Abstand der beiden Vektoren $\vec{a}$ und $\vec{b}$, die wir unter **vctA** und **vctB** gespeichert haben. Der Abstand von zwei Vektoren ergibt sich als Betrag der Differenz:

abs(vectB−vectA)
=
8.306623863

$$\overline{AB} = \left|\vec{b} - \vec{a}\right|$$

$$= \left|\begin{pmatrix} 0 \\ 1 \\ -3 \end{pmatrix} - \begin{pmatrix} 1 \\ 3 \\ 5 \end{pmatrix}\right| = \sqrt{69} \approx 8{,}3$$

Skalarprodukt

Das **Skalarprodukt** finden wir unter **MATH** **4** **DotPro(**. Wir berechnen das Skalarprodukt der beiden Vektoren $\vec{a}$ und $\vec{b}$:

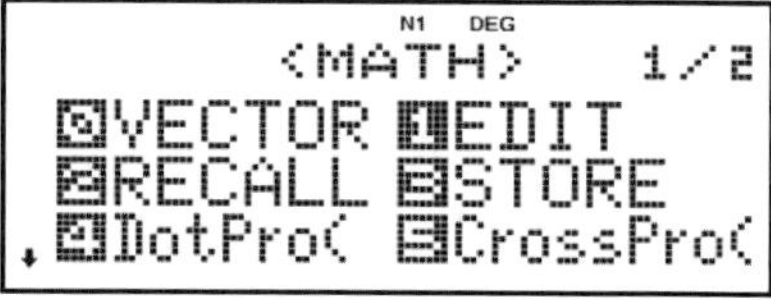

$$\vec{a} \cdot \vec{b} = \begin{pmatrix} 1 \\ 3 \\ 5 \end{pmatrix} \cdot \begin{pmatrix} 0 \\ 1 \\ -3 \end{pmatrix}$$

$$= 0 + 3 - 15 = -12$$

Beachte das Komma zwischen beiden Vektoren!

Vektorprodukt

Das **Vektorprodukt** / **Kreuzprodukt** finden wir unter **MATH** **5** **CrossPro(**.
Wir berechnen das Vektorprodukt der beiden Vektoren $\vec{a}$ und $\vec{b}$:

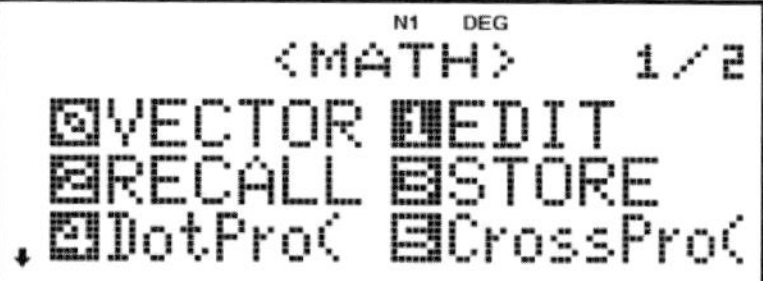

$$\vec{a} x \vec{b} = \begin{pmatrix} 1 \\ 3 \\ 5 \end{pmatrix} x \begin{pmatrix} 0 \\ 1 \\ -3 \end{pmatrix} = \begin{pmatrix} -14 \\ 3 \\ 1 \end{pmatrix}$$

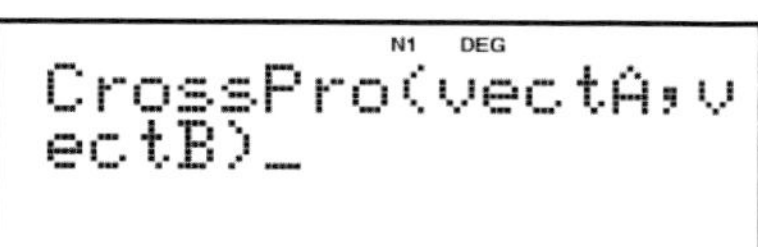

Beachte das Komma zwischen beiden Vektoren!

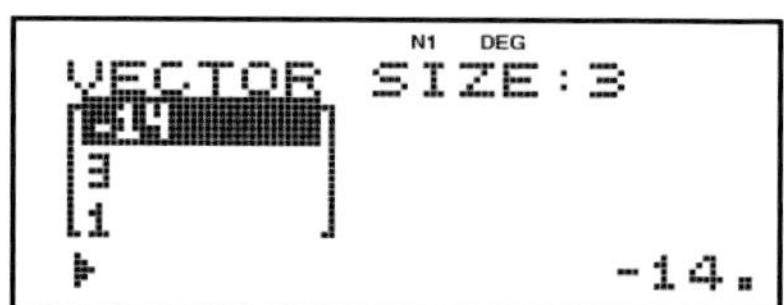

9.2 Rechnen mit Matrizen

Wir wollen die 3x3 Matrix

$$A = \begin{pmatrix} 1 & 0 & 3 \\ 3 & 2 & 0 \\ 4 & 1 & 5 \end{pmatrix}$$

anlegen. Hierzu wählen wir den Modus **MATRIX** und anschließend die Taste **MATH**.
Zur Eingabe einer neuen Matrix wählen wir **1 EDIT**. In der Anzeige geben wir anstelle von 2x2 nun **3x3** ein.

In der Vorlage für die 3x3 Matrix tragen wir nun die Werte ein und schließen jeden Wert mit der Taste **=** ab.

Mit der Taste **On/C** gehen wir aus der Eingabe zurück. Es erscheint wieder das Fenster „**MATRIX MODE**". Nun müssen wir die Matrix speichern. Wir drücken wieder **MATH** und wählen **3 STORE**.

Für die erste Matrix, die wir speichern, wählen wir **0 matA**. Die neue Matrix in nun in der Matrix A, **matA** gespeichert.

Für einen kurzen Moment erscheint der Text „**STORED**".

Die Matrix ist gespeichert.

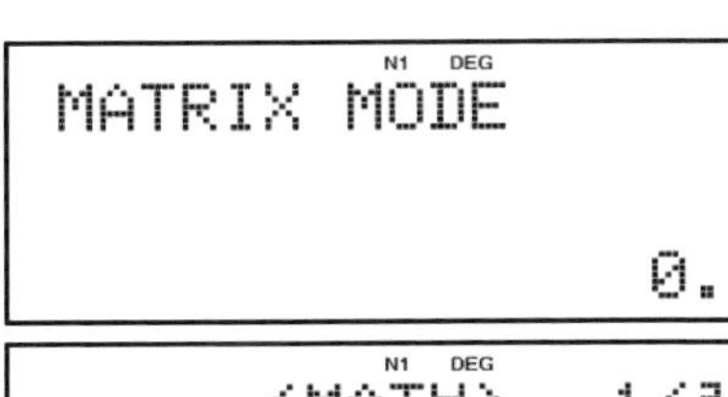

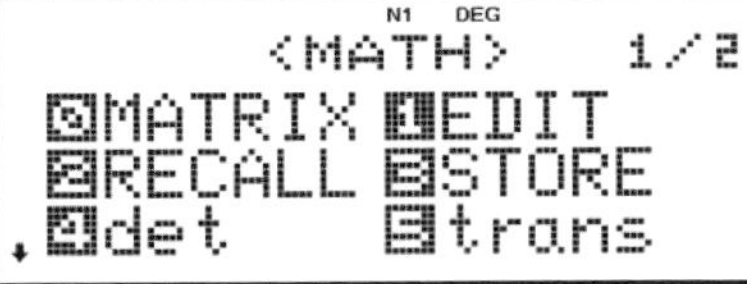

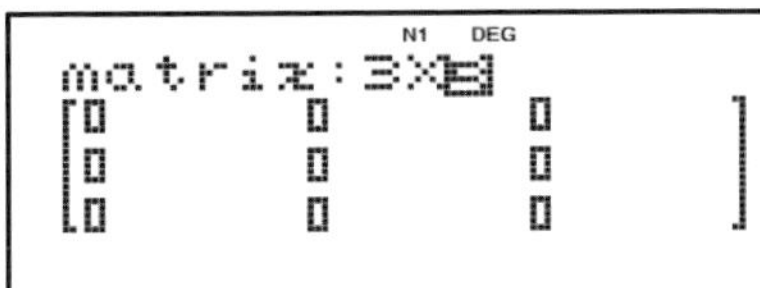

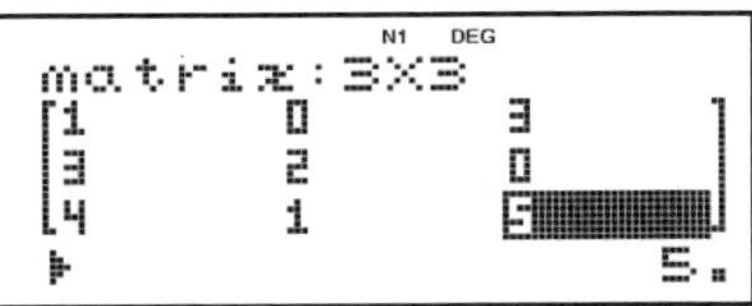

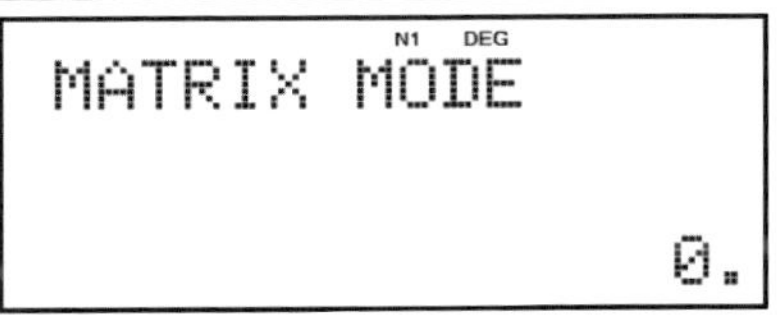

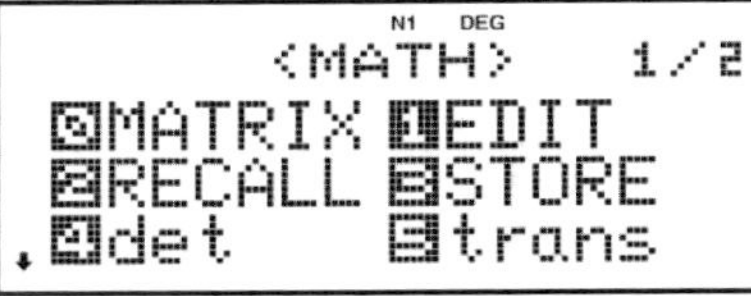

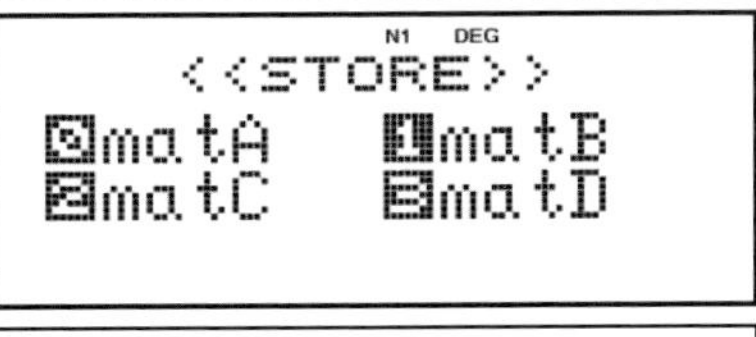

N1 DEG
STORED!

Für weitere Berechnungen wollen wir noch die Matrix

$$B = \begin{pmatrix} -1 & 2 & 0 \\ 0 & 4 & -2 \\ 1 & 3 & 5 \end{pmatrix}$$

eingeben und als **1 matB** speichern.

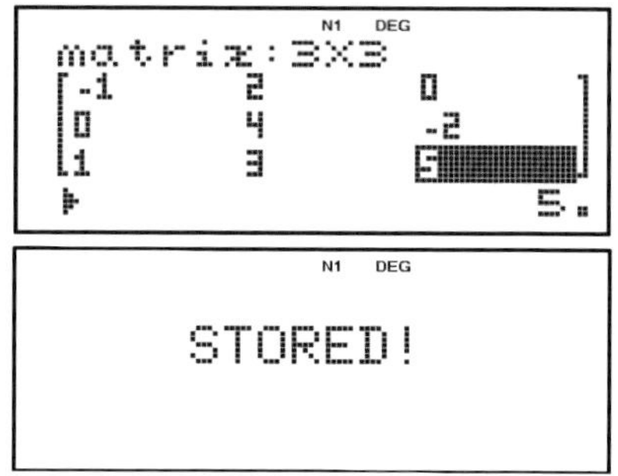

Matrizen addieren und Vervielfachen

Nachdem wir die benötigten Matrizen gespeichert haben, können wir mit ihnen rechnen.

Wichtig: Wir müssen uns immer im MATRIX Modus befinden!

Zur Auswahl einer Matrix drücken wir **MATH** und wählen

Über **0 MATRIX** die gewünschte Matrix aus. Diesen Vorgang wiederholen wir für die zweite Matrix

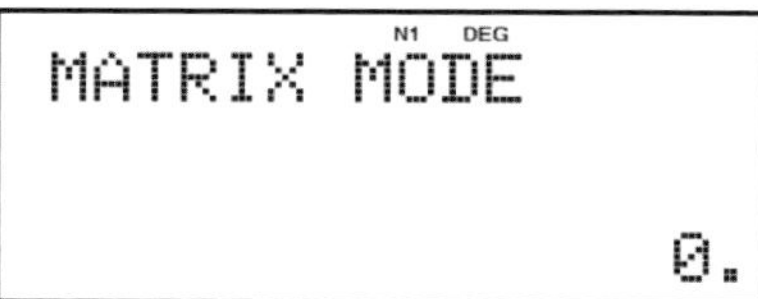

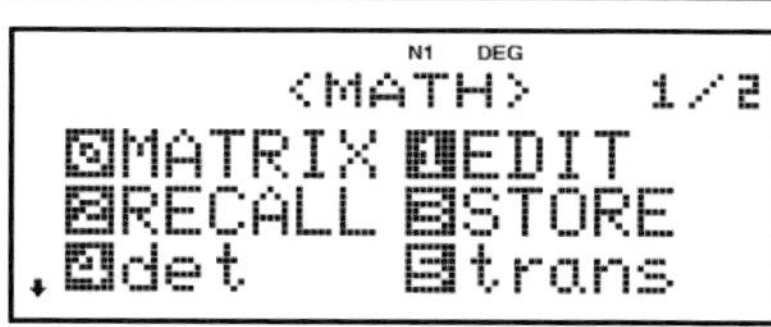

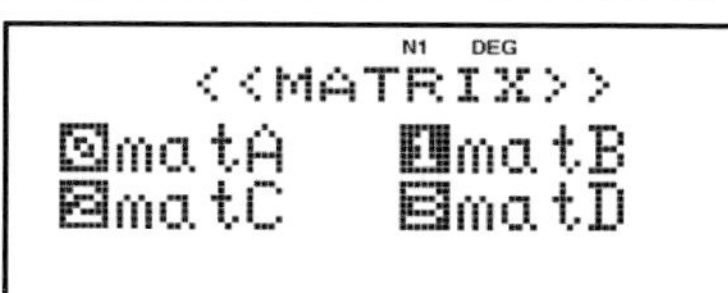

Wir berechnen **matA + matB**

$$A + B = matA + matB =$$

$$\begin{pmatrix} 1 & 0 & 3 \\ 3 & 2 & 0 \\ 4 & 1 & 5 \end{pmatrix} + \begin{pmatrix} -1 & 2 & 0 \\ 0 & 4 & -2 \\ 1 & 3 & 5 \end{pmatrix}$$

$$= \begin{pmatrix} 0 & 2 & 3 \\ 3 & 6 & -2 \\ 5 & 4 & 10 \end{pmatrix}$$

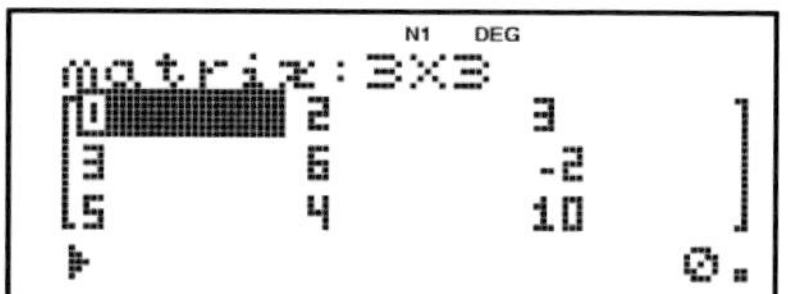

Analog berechnen wir das Vierfache der Matrix A:

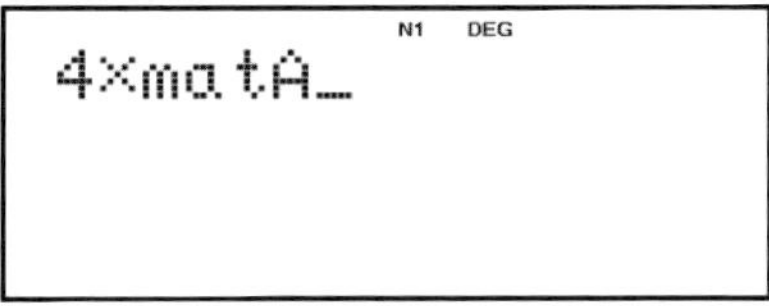

$$4 \cdot A = 4 \cdot \begin{pmatrix} 1 & 0 & 3 \\ 3 & 2 & 0 \\ 4 & 1 & 5 \end{pmatrix}$$

$$= \begin{pmatrix} 4 & 0 & 12 \\ 12 & 8 & 0 \\ 16 & 4 & 20 \end{pmatrix}$$

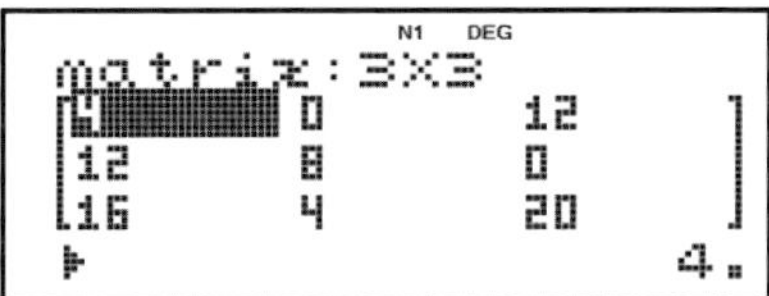

Determinante einer Matrix

Die Funktion zur Berechnung der Determinante einer Matrix finden wir in den **MATH** Optionen unter **4 det**.

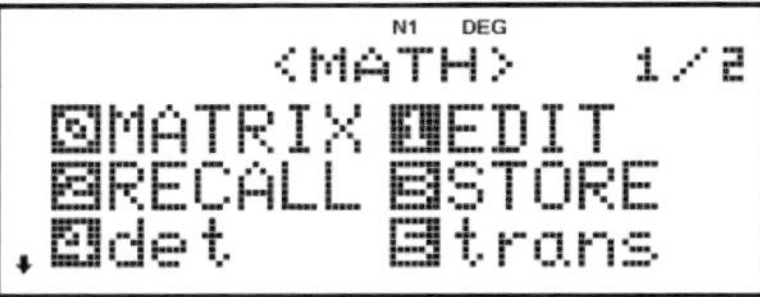

$$det(A) = det \begin{pmatrix} 1 & 0 & 3 \\ 3 & 2 & 0 \\ 4 & 1 & 5 \end{pmatrix} = -5$$

Transponierte einer Matrix

Die Funktion zur Berechnung der Transponierten einer Matrix finden wir in den **MATH** Optionen unter **5 trans**.

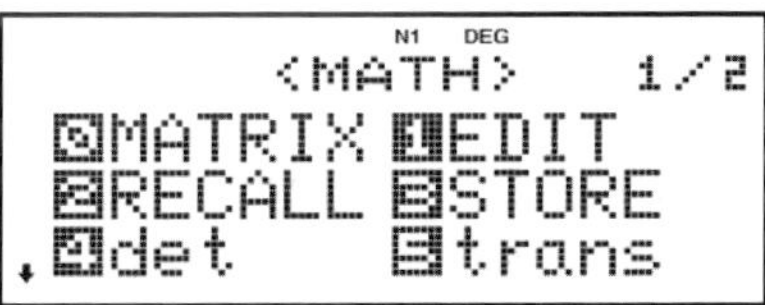

$$A^T = \begin{pmatrix} 1 & 3 & 4 \\ 0 & 2 & 1 \\ 3 & 0 & 5 \end{pmatrix}$$

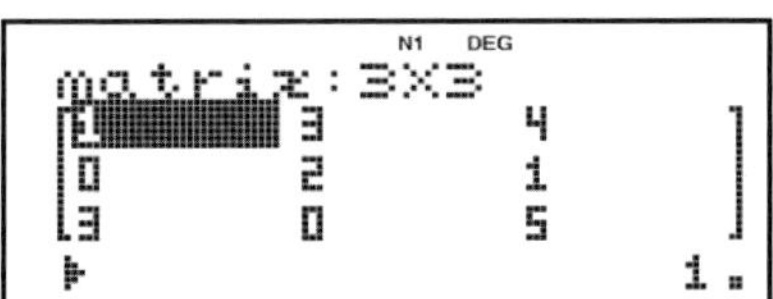

Einheitsmatrix

Die Funktion zur Definition bzw. dem Aufrufen einer Einheitsmatrix finden wir in den **MATH** Optionen unter: **6 identity**.
Hier müssen wir nur noch die Dimension angeben.

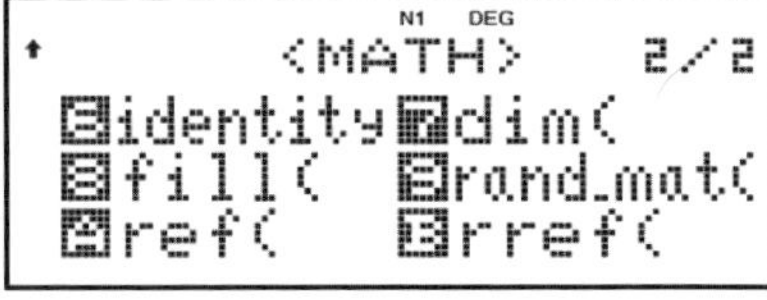

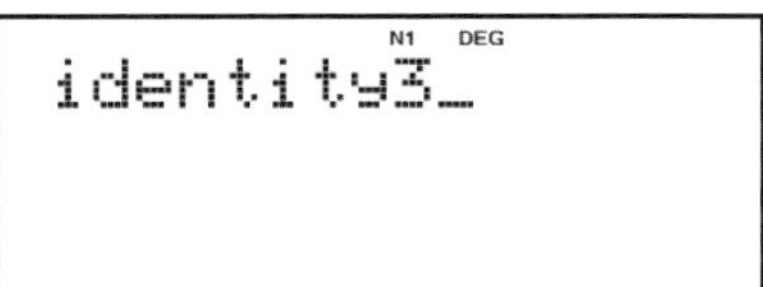

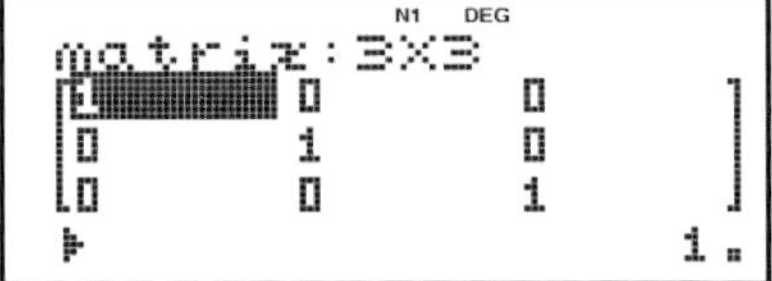

Diagonalform einer Matrix / Stufenform einer Matrix

Die Funktion um eine Matrix zu diagonalisieren finden wir in den **MATH** Optionen unter:
A ref bzw. B rref(.

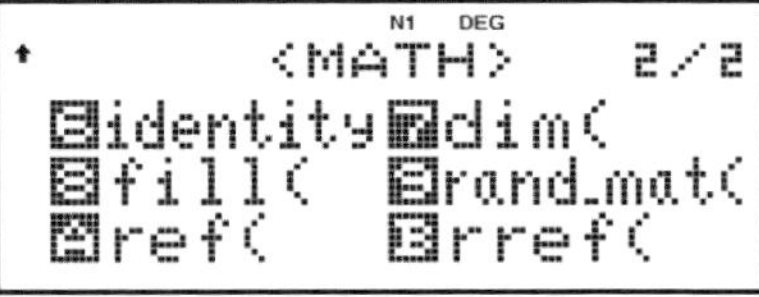

ref(A) liefert die Stufenform.

ref(matA)_

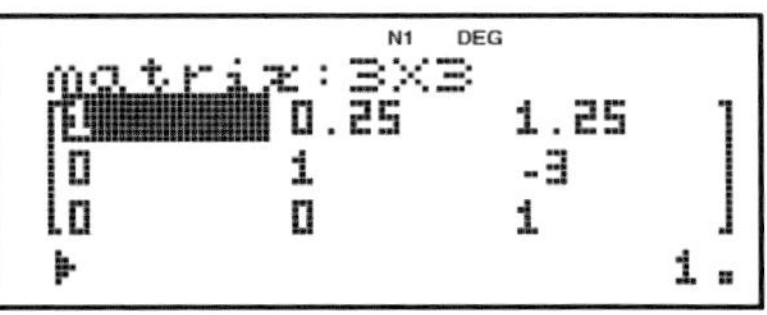

rref(A) liefert die Diagonalform.

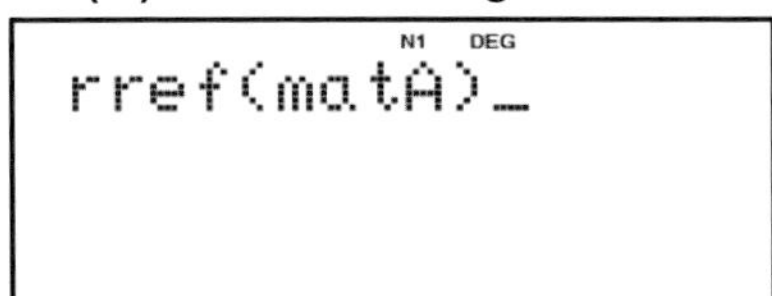

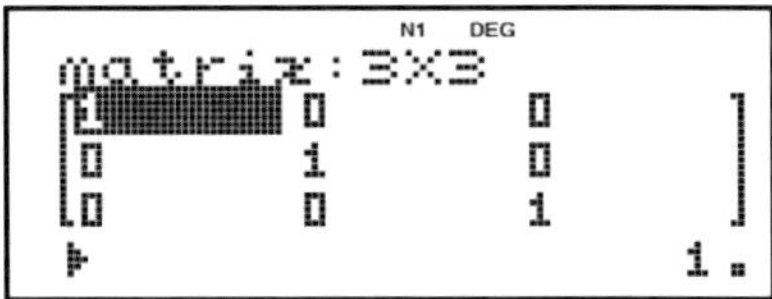

10 Mathematische Probleme beispielhaft lösen

Die Beispiele in diesem Abschnitt sind insbesondere für den Rechner W550TG gedacht, die mit dem begrenzten IQB-Funktionsumfang genutzt werden können. Die Sprache beim W550TG ist auf deutsch, auch wenn einige Bildschirmdarstellungen in diesem Kapitel auf englisch sind.

10.1 Zahlen aufsummieren – der kleine Gauß

Häufig wird eine Geschichte des kleinen Carl Friedrich Gauß (1777 – 1855) im Mathematik Unterricht erzählt, um die gleiche Aufgabe zu rechnen:

„Der Lehrer Herr Lustlos möchte lieber seine Zeitung lesen als die Kinder in Mathematik zu unterrichten. Er gibt den Kindern den Auftrag, alle Zahlen von 1 bis 100 aufzusummieren. Mit dieser Aufgabe sollten die Schüler mindestens eine halbe Stunde beschäftigt sein. Nach weniger als einer Minute ist der kleine Carl Friedrich fertig und zeigt seine richtige Lösung: ....“

Quelle: https://de.wikipedia.org/wiki/Datei:Carl_Friedrich_Gau%C3%9F.jpg

Wie hat es klein Gauß gerechnet? Sicher nicht, indem alle Zahlen einzeln addiert wurden. Zum Rechenausdruck von Gauß jedoch später.
Um Zahlen mit einer bestimmten Logik zu summieren, existiert in der Mathematik das Summenzeichen: $\sum$.

Die Summe der Zahlen von 1 bis 100 kann man in dieser Form schreiben:

$$1 + 2 + 3 + \cdots. + 98 + 99 + 100 = \sum_{n=1}^{100} n$$

Eine allgemeine Summenformel verbirgt sich hinter der Summentaste.

Es erscheint die Summenformel. Anstelle von n in unserer Formel geben wir jetzt x ein.

$$\sum_{x=1}^{100} x$$

Und wir erhalten das Ergebnis der Aufgabe für klein Carl Friedrich Gauß.

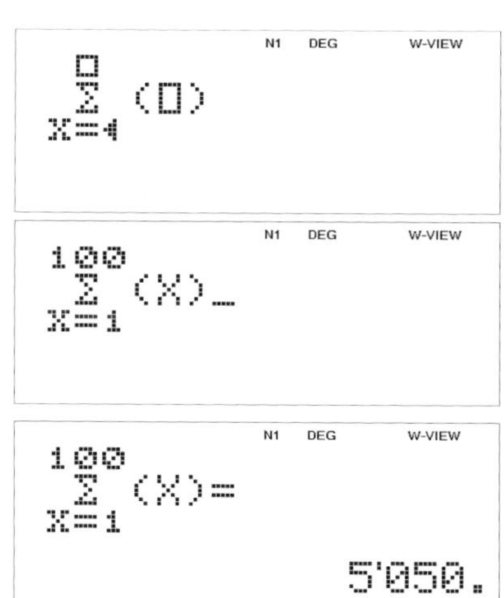

Die Lösung von Gauß

Carl Friedrich Gauß konnte die Aufgabe allerdings im Kopf ohne diese Summenformel lösen. Er hatte erkannt, dass man aus den 100 Zahlen auch 50 Paare bilden konnte, die zusammen immer 101 ergeben. Nämlich von außen nach innen $1 + 100, 2 + 99, 3 + 98$ und immer so weiter. Er hatte eine Vereinfachung gefunden, ohne einen Summenterm zu nutzen:

$$\frac{100}{2} \cdot (1 + 100) = 50 \cdot 101 = 5050$$

10.2 Die Eulersche Zahl e näherungsweise berechnen

Auch wenn die Zahl ***e*** über eine Taste abrufbar ist, wollen wir sie klassisch berechnen. Die Eulersche Zahl ***e*** wurde von Leonhard Euler mit der folgenden Reihe definiert:

$$e = 1 + \frac{1}{1} + \frac{1}{1 \cdot 2} + \frac{1}{1 \cdot 2 \cdot 3} + \cdots = \frac{1}{0!} + \frac{1}{1!} + \frac{1}{2!} + \frac{1}{3!} + \cdots = \sum_{k=0}^{\infty} \frac{1}{k!}$$

Ebenso ist e definiert als Grenzwert der Folge

$$a_n = \left(1 + \tfrac{1}{n}\right)^n \text{ für } n \longrightarrow \infty.$$

1. Variante – Reihe mit der Summenformel berechnen

Wir starten mit der Summenformel über die Summentaste:

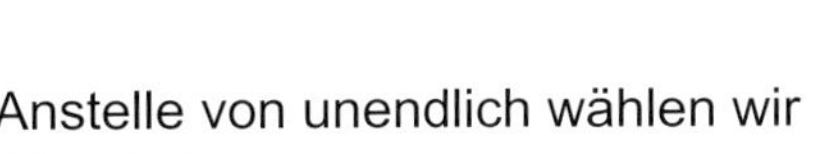

Anstelle von unendlich wählen wir 50 Schritte.

Mehr als 50 Schritte können zu einem mathematischen Fehler führen!

Unser Näherungswert ergibt als Wert für die Eulersche Zahl:

$$e = 2{,}718281828$$

Der im Taschenrechner hinterlegte Wert beträgt:

$$e = 2{,}718281828$$

2. Variante – Folgenglieder in einer Wertetabelle darstellen

Die Folge:

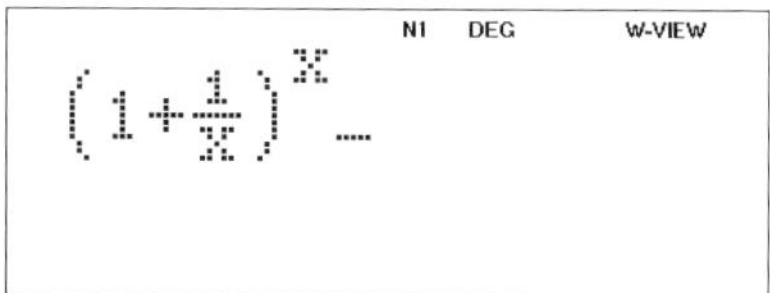

$$a_n = \left(1 + \frac{1}{n}\right)^n$$

hinterlegen wir als Funktion über die Taste **table** und lassen uns die Werte des Terms in einer Wertetabelle anzeigen.

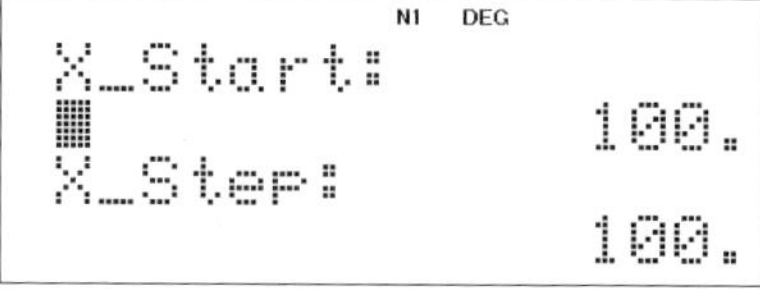

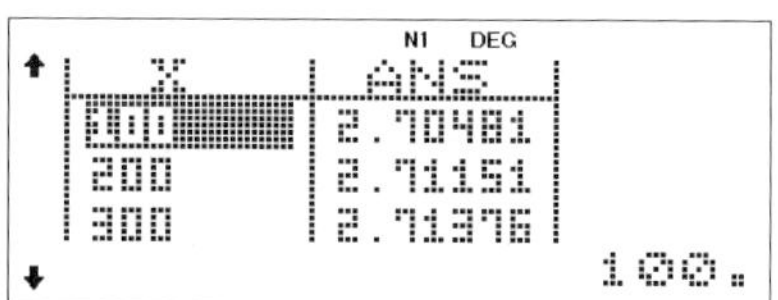

Wir blättern durch die Tabelle und verfolgen die Näherung für die Eulersche Zahl e.

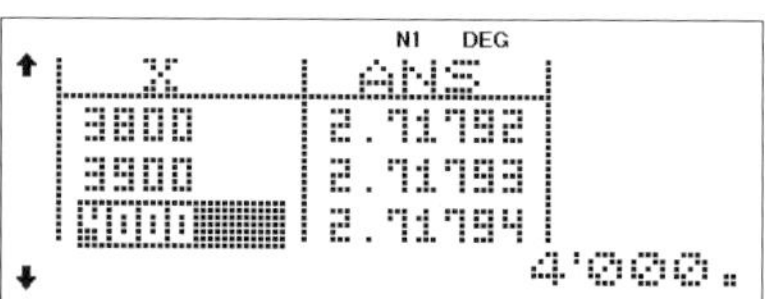

10.3 Gleichungen näherungsweise mit einer Wertetabelle lösen

Durch Einsetzen und Ausprobieren kann man die Lösung einer Gleichung näherungsweise finden. Kennt man zwei Zahlen, zwischen denen die Lösung liegt, kann man den Bereich dieses Intervall weiter eingrenzen. Eine derartige Vorgehensweise kann man auch Intervallschachtelung nennen.
Mit der Funktion der Wertetabellen kann man solche Intervallschachtelungen aufbauen, indem die Intervallbreite oder der Abstand zwischen zwei Werten der Wertetabelle immer kleiner gewählt wird. Hierzu wählen wir den Parameter **Inkrement** in Zehntelschritten immer kleiner, bis die Lösung auf die gewünschte Genauigkeit erreicht ist.

Beispielaufgabe
Wir suchen nach einer Lösung der Gleichung $x^3 + 2x + 1 = 0$ auf zwei Stellen Genauigkeit hinter dem Komma.

Wir geben die Gleichung als Funktion $f(x)$ über die Taste **MODUS** und **2 TABLE** ein.

$$f(x) = x^3 + 2x + 1 = 0$$

Jetzt lassen wir uns eine Wertetabelle im Bereich von $x = -10$ an in der Schrittweite 1 anzeigen. In diesem Bereich sollte sich eine Nullstelle befinden.
Wir blättern durch die Wertetabelle, um den Vorzeichenwechsel zu finden. Der Vorzeichenwechsel findet zwischen $x = -1$ und $x = 0$ statt.

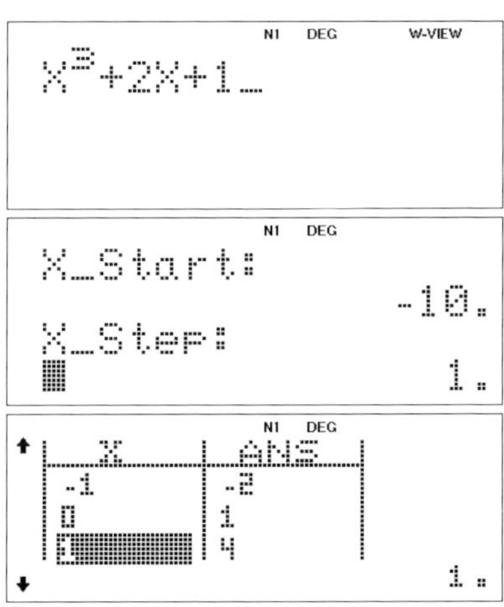

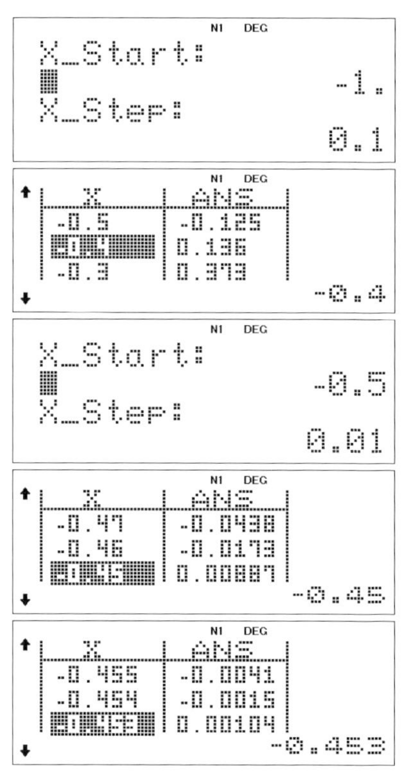

Die gesuchte Lösung befindet sich in diesem Bereich, den wir nun enger eingrenzen. Die **Schrittweite** (**Step**) beträgt jetzt **0,1**.

Die Lösung liegt zwischen

$x = -0{,}5$ und $x = -0{,}4$.

Wir grenzen wieder neu ein und wählen als **Schrittweite 0,01**.

Die neue etwas genauere Lösung befindet sich zwischen

$x = -0{,}46$ und $x = -0{,}45$.

Wir wiederholen die Schritte mit der **Schrittweite 0,001** und erhalten die Lösung auf zwei Stellen Genauigkeit hinter dem Komma:

$$\boldsymbol{x = -0,45}$$

Denn die letzte Lösung befindet sich zwischen

$x = -0{,}454$ und $x = -0{,}453$.

10.4 Zwei Gleichungen mit zwei Unbekannten alternativ lösen

Wir wollen diese Aufgabenstellung mit einer Wertetabelle lösen. Dazu müssen wir zunächst die beiden Gleichungen jeweils in die Form einer Funktion bringen, damit diese als Funktionen $f(x)$ und $g(x)$ eingegeben werden können.

Die Aufgabenstellung

Löse das lineare Gleichungssystem

$$(1)\ y = 4 - \frac{1}{2}x$$
$$(2)\ y = -2x + 1$$

Wir geben unter **MODUS** und **2 TABLE** die beiden Funktionen als $\boldsymbol{f(x)}$ und $\boldsymbol{g(x)}$ ein.

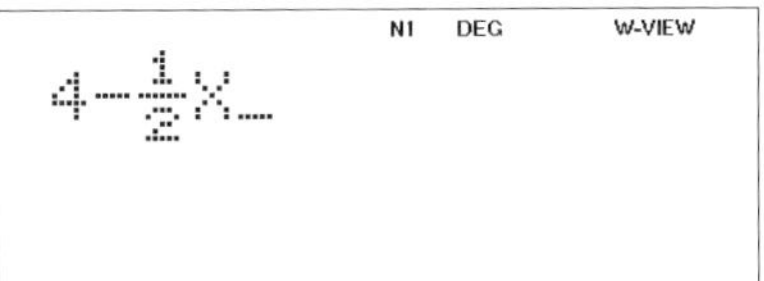

N1 DEG W-VIEW
-2X+1

Nun definieren wir den Bereich der Tabelle von $x = -10$ an in der Schrittweite 1.

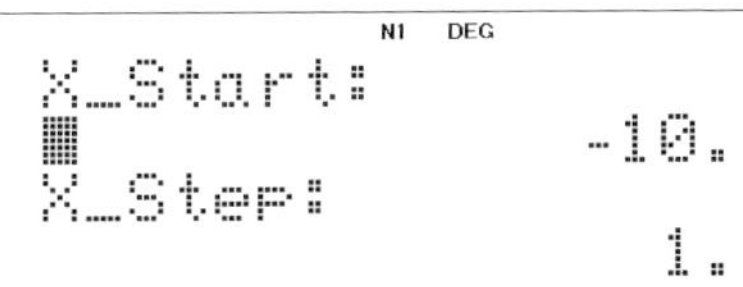

Wir füllen die Wertetabelle und blättern durch die Liste.

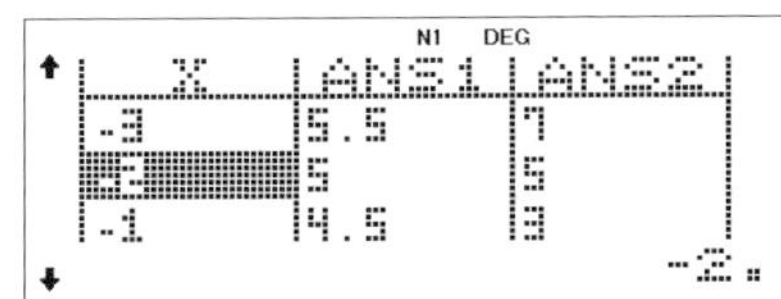

Bei $x = -2$ sind die Funktionswerte von $f(x)$ und $g(x)$ gleich!

Die Lösung lautet:

$$x = -2 \text{ und } y = 5$$

10.5 Quadratische Gleichungen lösen mit der p-q-Formel

Löse eine quadratische Gleichung wie z.B. $x^2 + x - 12 = 0$ mit der bekannten p-q-Formel. Die p-q-Formel löst eine quadratische Gleichung in der Normalform:

$$x^2 + px + q = 0$$

Man erhält die beiden Lösungen:

$$x_1 = -\frac{p}{2} + \sqrt{\left(\frac{p}{2}\right)^2 - q}$$

p-q-Formel

$$x_2 = -\frac{p}{2} - \sqrt{\left(\frac{p}{2}\right)^2 - q}$$

Der Rechner kann quadratische Gleichungen oder Polynomgleichungen NICHT direkt lösen. Wir wollen in diesem Kapitel die beiden Parameter p und q als Variablen hinterlegen und die Formel mit diesen Variablen aufrufen bzw. selbst eingeben.

Lösungsbeispiel

Für unser Beispiel gilt:

$$p = 1, q = -12$$

Diese beiden Werte speichern wir in den Variablen:

$$a = p = 1, b = q = -12$$

Hierzu geben wir **sto** + **A** zum Speichern der ersten Variablen ein und **sto** + **B** zum Speichern der zweiten Variablen ein.
Anschließend geben wir die erste Formel mit den Variablen ein.
Nachdem wir diesen Wert abgerufen haben, ändern wir in der Formel nur das eine Vorzeichen ab. Jetzt erhalten wir die zweite Lösung.

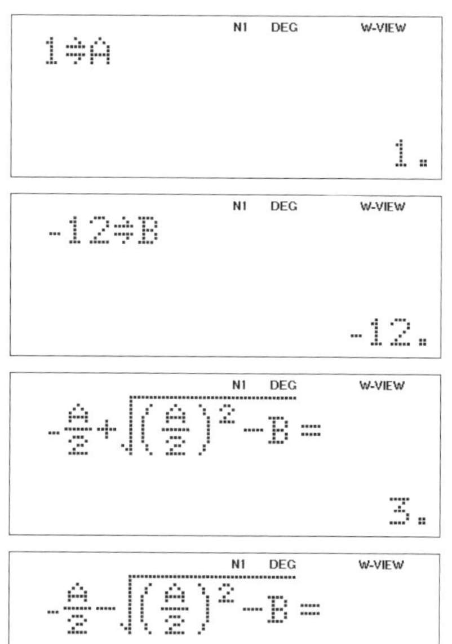

10.6 Nullstellen finden mit dem Newton Verfahren

Das Newton-Verfahren ist ein Näherungsverfahren, mit dem man Nullstellen beliebiger Gleichungen / Funktionen näherungsweise berechnen kann. Man geht hierbei schrittweise vor und nähert sich der Nullstelle immer mehr an. Ein solches Verfahren nennt man auch Iterationsverfahren (Näherungsverfahren).

Man startet an einer beliebigen Stelle x_1, wenn möglich in der Nähe der zu erwartenden Nullstelle. An dieser Stelle legt man die Tangente an die Funktion. Der Schnittpunkt der Tangente mit der x-Achse wird als nächster Punkt x_2 genommen. Das Vorgehen wird so oft wiederholt, bis man den Nullpunkt „quasi" erreicht hat.

Nehmen wir als Beispiel die Funktion: $f(x) = x^2 - x - 2$.

Wir suchen die Nullstelle der Funktion in der Nähe des Wertes $x_1 = 1$.

Als Ableitungsfunktion ergibt sich aus $f(x)$: $f'(x) = 2x - 1$.

Für den nächsten x-Wert gilt jeweils: $x_{n+1} = x_n - \frac{f(x_n)}{f'(x_n)}$.

Wir starten mit: $x_1 = 1$

Wir berechnen noch die Werte für x_2 und x_3:

$$x_2 = x_1 - \frac{f(1)}{f'(1)} = 1 - \frac{-2}{1} = 3$$

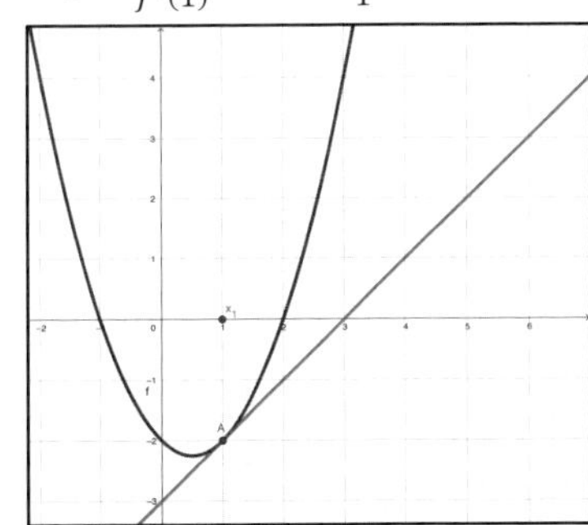

Die Tangente an $x_1 = 1$ führt zur ersten genäherten Nullstelle bei $x_2 = 3$.

$$x_3 = x_2 - \frac{f(3)}{f'(3)} = 3 - \frac{4}{5} = \frac{11}{5}$$

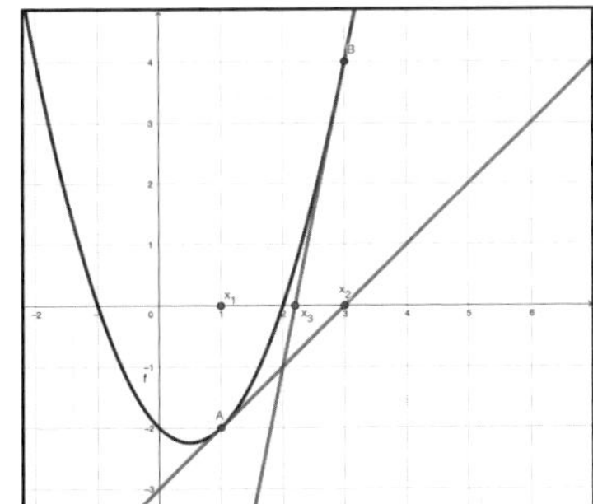

Die Tangente an $x_2 = 3$ führt zur nächsten Nullstelle bei $x_3 = \frac{11}{5} = 2{,}2$.

Nun wollen wir diese Berechnungsweise mit dem Taschenrechner durchführen. Hierzu geben wir die Funktion $f(x)$ sowie die Ableitungsfunktion $f'(x)$ ein und nutzen den Antwortspeicher **ANS**.

Die Funktion f geben wir über **MODUS und TABLE** in die Funktion $f(x)$ ein, die Ableitungsfunktion f' in die Funktion $g(x)$.

$$f(x) = x^2 - x - 2$$

$$g(x) = 2x - 1$$

Wir geben den **Wert 1** ein. Dieser befindet sich jetzt in dem Antwortspeicher **ANS**. Für die erste Näherung geben wir ein:

$$ANS - \frac{f(ANS)}{g(ANS)}$$

Hierzu verwenden wir die beim Modell W550TG eigens vorhandenen Tasten **f()** und **g().**

$$x_2 = x_1 - \frac{f(x_1)}{f'(x_1)}$$

Durch erneutes Aufrufen des Befehls mit der Taste ▮ wird der Wert immer wieder neu berechnet.
Nach 6-maligem Aufrufen des Rechenausdrucks erhalten wir schon den exakten Wert $\boldsymbol{x} = 2$ für die gesuchte Nullstelle.

Beim **4. Aufruf** erhalten wir den Wert: **2.000045777**

Beim **5. Aufruf** erhalten wir den Wert: **2.000000001**

Beim **6. Aufruf** erhalten wir den Wert: **2**

10.7 Wurzeln bestimmen mit dem Heron Verfahren

Das Heron Verfahren ist ein Näherungsverfahren zur Bestimmung von Quadratwurzeln. Es basiert auf dem Newton-Verfahren, das wir im vorherigen Abschnitt kennen gelernt haben.

Die Berechnung einer Wurzel, z.B. $\sqrt{8}$ kann als Lösung der Gleichung $x^2 - 8 = 0$ dargestellt werden. In diesem Fall bedeutet dies die Berechnung einer Nullstelle und damit kann das Newton-Verfahren zum Einsatz kommen.

Zur Berechnung der allgemeinen Wurzel $\sqrt{a}$ verwendet man die Gleichung:

$$x^2 - a = 0$$

Die Näherungsformel lautet dann:

$$x_{n+1} = x_n - \frac{f(x_n)}{f'(x_n)} = x_n - \frac{x_n^2 - a}{2x_n} = x_n - \frac{1}{2}x_n + \frac{1}{2}\frac{a}{x_n} = \frac{1}{2}\left(x_n + \frac{a}{x_n}\right)$$

$$x_{n+1} = \frac{1}{2}\left(x_n + \frac{a}{x_n}\right)$$

Die Näherung berechnen wir, indem wir den Startwert in den Antwortspeicher **ANS** eintragen und anschließend die Näherungsformel eingeben.

Beispielnäherung für $\sqrt{8}$

Wir starten mit $x_1 = 8$ und tragen daher 8 in den Antwortspeicher ein.
Anschließend geben wir die Näherungsformel mit **ANS** ein:

$$\frac{1}{2}\left(Ans + \frac{8}{Ans}\right)$$

N1 DEG W-VIEW

8=

8.

N1 DEG W-VIEW

$\frac{1}{2}\left(ANS+\frac{8}{ANS}\right)=$

$4\frac{1}{2}$

Jetzt drücken wir die Taste = um den Wert ein erstes Mal zu berechnen. Der erste Näherungswert beträgt $4\frac{1}{2} = 4{,}5$.

Wir wiederholen die Schritte mehrmals.

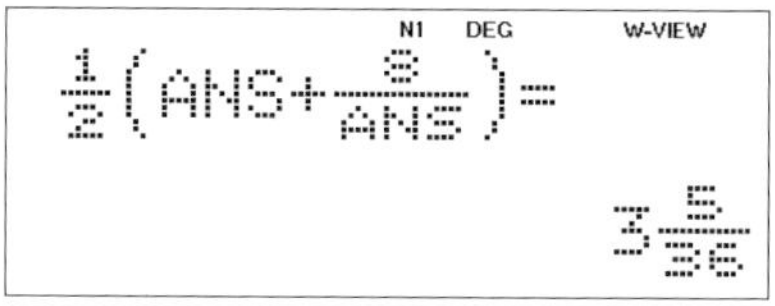

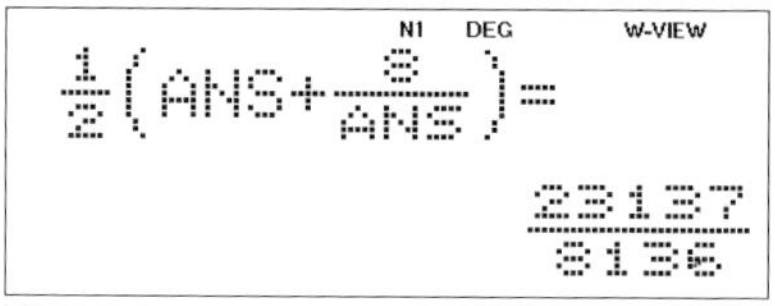

Schon mit dem 5. Schritt zeigt sich kein Unterschied mehr in dem Ergebnis zur direkten Berechnung der Wurzel.

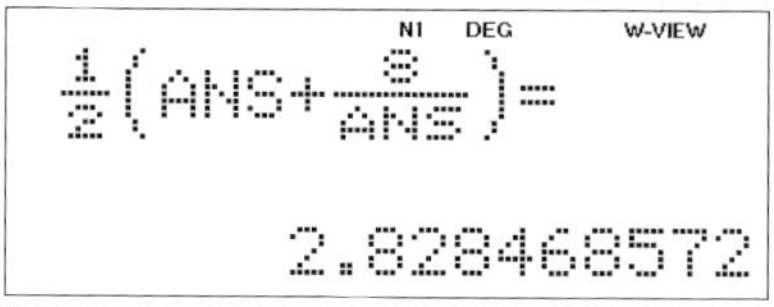

$$\sqrt{\mathbf{8}} = 2{,}828427125$$

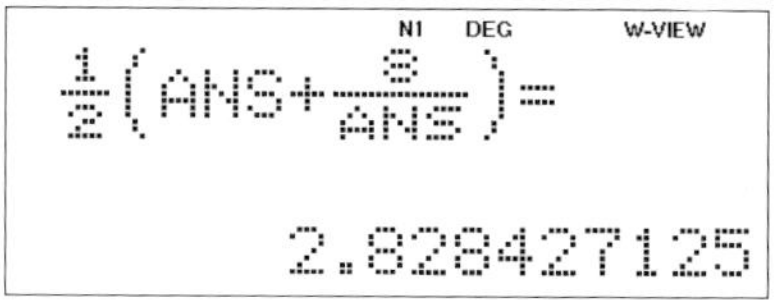

N1 DEG W-VIEW

$\frac{1}{2}\left(ANS+\frac{8}{ANS}\right)=$

$3\frac{5}{36}$

N1 DEG W-VIEW

$\frac{1}{2}\left(ANS+\frac{8}{ANS}\right)=$

$\frac{23137}{8136}$

N1 DEG W-VIEW

$\frac{1}{2}\left(ANS+\frac{8}{ANS}\right)=$

2.828468572

N1 DEG W-VIEW

$\frac{1}{2}\left(ANS+\frac{8}{ANS}\right)=$

2.828427125

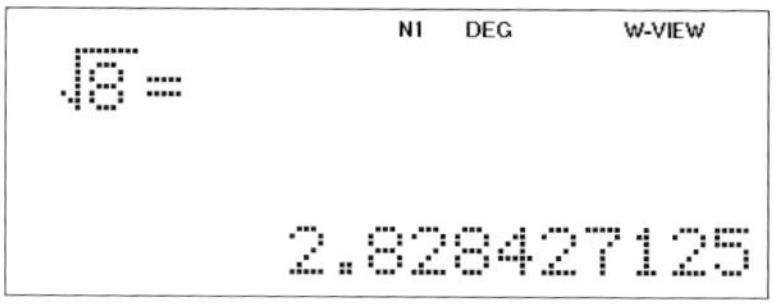

N1 DEG W-VIEW

$\sqrt{8}=$

2.828427125

10.8 Ableitungen berechnen mit dem Differenzenquotienten

Mit dem Grenzwert des Differenzenquotienten mit der sogenannten h-Methode kann die Ableitung an einer bestimmten Stelle berechnet werden.

Es gilt: $$f'(x_0) = \lim_{h \to 0} \frac{f(x_0+h)-f(x_0)}{h}$$

Wir können mit dem Taschenrechner den Grenzwert für $h \to 0$ nicht genau bestimmen. Alternativ können wir jedoch einen möglichst kleinen Wert für h als Näherung einsetzen. Damit wir im Genauigkeitsbereich des Rechners bleiben wählen wir z.B. $h = 10^{-9}$.

Vorgehensweise

- Wir speichern die Funktion f, zu der ein Ableitungswert bestimmt werden soll, in der Funktion $f(x)$ unter **MODUS TABLE.**
- Einen kleinen Näherungswert hinterlegen wir in einer der 9 möglichen Variablen mit **sto**, z.B. in A.
- Den Differenzenquotienten mit den Parametern $f(x)$ und h (bzw. die Variable **A**) speichern wir in der Funktion $g(x)$ unter **MODUS TABLE**.

Beispielrechnung

Bestimme die Ableitung der Funktion $f(x) = x^3 - 2x^2 + 4$ an den Stellen $x_0 = 1, x_0 = 2, x_0 = 3, x_0 = 4, x_0 = 5$ mit Hilfe einer Wertetabelle.

Wir geben den Wert für $h = 10^{-9}$ in die **Variable A** ein, da h als Variable nicht zur Verfügung steht.

Die Funktion f wird in $f(x)$ gespeichert.

$$f(x) = x^3 - 2x^2 + 4$$

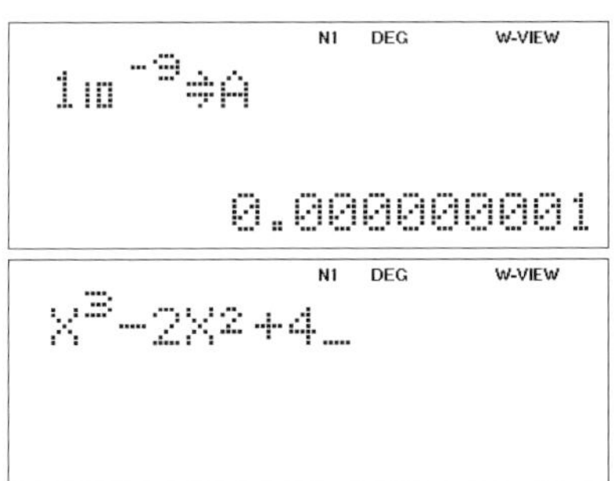

Den Differenzenquotienten geben wir in die Funktion $g(x)$ ein.

Dabei beachten wir, dass die **Variable A** in dieser Funktion verwendet wird.

$$g(x) = \frac{f(x + A) - f(x)}{A}$$

Jetzt rufen wir eine Wertetabelle ab $x = 1$ mit der Schrittweite $Schritt = 1$ auf.
In der ersten Spalte werden die x –Werte stehen, in der zweiten Spalte die Werte für $f(x)$ der Funktion und in der dritten Spalte die Werte für den Differenzen-quotienten $g(x)$.

10.9 Integrale nähern über Rechtecksummen

Näherung für die Parabel x^2

Beim Einstieg in die Integralrechnung beginnt man normalerweise damit, den Flächeninhalt unter dem Graphen einer Funktion in kleine Rechtecke einzuteilen. Diese werden dann aufsummiert, um den Flächeninhalt näherungsweise zu berechnen.

Diese Vorgehensweise können wir mit der im Rechner hinterlegten Summenformel nachbilden. Wählen wir möglichst viele kleine Rechtecke, dann können wir auf diese Weise das Integral auch näherungsweise berechnen.

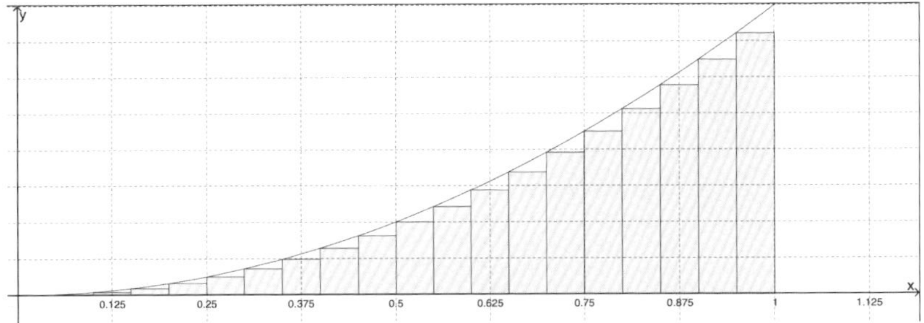

Rechtecksummen **unter** dem Graphen von x^2 (Untersummen), erstellt mit GeoGebra

- Anzahl Rechtecke: a
- Intervallbreite: b
- Breite eines Rechtecks: $\frac{b}{a}$

Zur Vereinfachung berechnen wir ein Integral von 0 bis b. Dann gilt näherungsweise:

$$\int_0^b f(x)dx \approx \sum_{i=0}^{a} \frac{b}{a} \cdot f(i \cdot \frac{b}{a})$$

Für eine möglichst genaue Berechnung sollten wir mindestens 1000 Rechtecke wählen.

Jetzt wollen wir zunächst das Integral

$$\int_0^3 x^2 dx$$

für 1000 Intervalle berechnen.

$$A = 1000, B = 3, C = B/A$$

A, B und C werden als Variablen gespeichert.

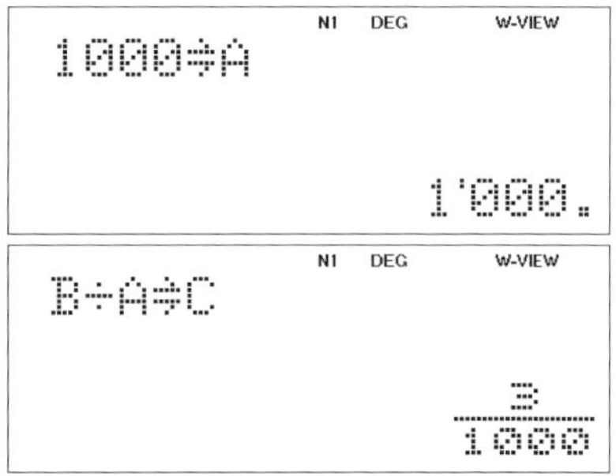

$$\int_0^3 x^2 dx \approx \sum_{i=0}^{A} \frac{B}{A} \cdot f\left(i \cdot \frac{B}{A}\right)$$

Mit der Variablen $C = B/A$ ergibt sich die Summenformel etwas vereinfacht.

Die Summenformel finden wir **als Summentaste**.

$$\sum_{x=0}^{A} C \cdot (x \cdot C)^2 = \sum_{x=0}^{A} C \cdot x^2 \cdot C^2$$

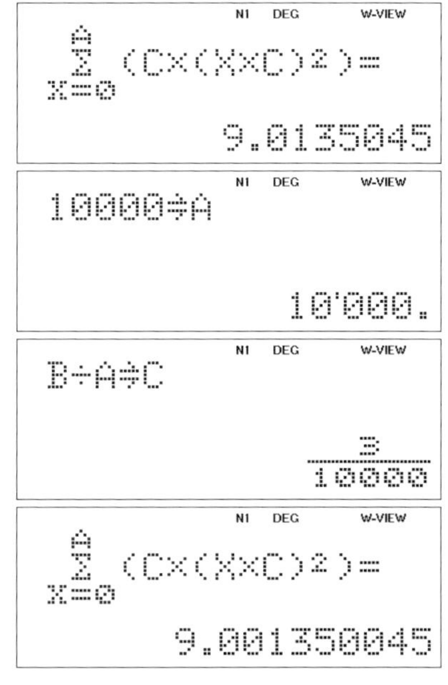

Wir führen eine neue Berechnung mit A = 10000 durch. Diese Berechnung wird sehr viel länger dauern!

Die Variable c muss vorher neu berechnet werden. Durch eine veränderte Variable A ändert sich nicht die Variable C, obwohl diese sich auf die Variable A bei der Definition bezog!

Der exakte Wert des Integrals beträgt 9:

$$\int_0^3 x^2 dx = \left[\frac{1}{3}x^3\right]_0^3 = \frac{1}{3} \cdot 27 = 9$$

Wir nähern uns allerdings schon recht gut an diesen Wert mit der Methode der Rechtecksumme (Untersumme).

Näherung für eine beliebige Funktion

Wir können eine etwas komplexere Funktion $f(x)$ auch über **TABLE** oder die Funktionstaste **f(x)=** hinterlegen und mit der Summenformel das Integral berechnen. Wir wählen beispielhaft:

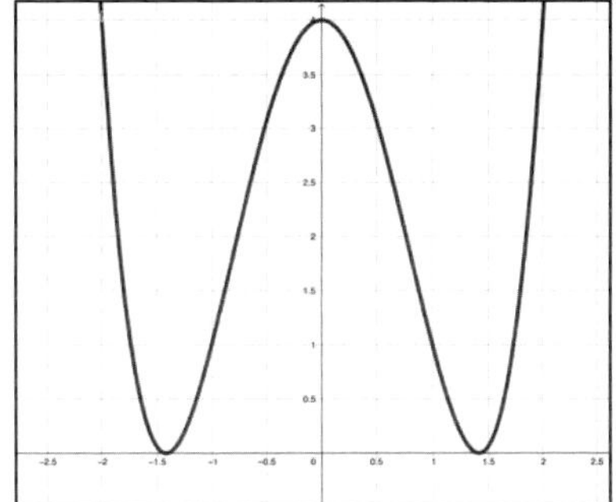

$$f(x) = x^4 - 4x^2 + 4$$

und berechnen das Integral

$$\int_0^1 (x^4 - 4x^2 + 4)\, dx \; .$$

A, B und C werden als Variablen festgelegt: $A = 1000, B = 1, C = B/A$

Wir definieren die Funktion $f(x) = x^4 - 4x^2 + 4$.

In unsere Summenformel lautet:

$$\sum_{x=0}^{A} C \cdot f(x \cdot C)$$

Wir erhalten die näherungsweise Lösung für das Integral:

$$\int_0^1 x^4 - 4x^2 + 4\, dx \approx 2{,}867$$

Achtung:

Die Berechnung mit 1000 Summengliedern dauert schon lange!

Bei dieser Aufgabe führt eine Berechnung mit 10000 Summengliedern nach ca. 5 Minuten zu einem Fehler!

10.10 Herleitung der Formel für das Volumen einer Pyramide

Eine Pyramide ist eine geometrische Figur, die aus einer Grundfläche und Dreiecksseiten besteht, die sich in einem Punkt, der Spitze der Pyramide, treffen. Eine klassische Pyramide, wie wir sie in Ägypten als Bauwerke finden, hat eine quadratische Grundfläche und vier gleiche Seitenflächen, die aus gleichschenkligen Dreiecken bestehen.

Das Volumen können wir herleiten, indem wir die Pyramide schrittweise aus gestapelten Quadern aufbauen und die Anzahl der Quader immer mehr erhöhen.

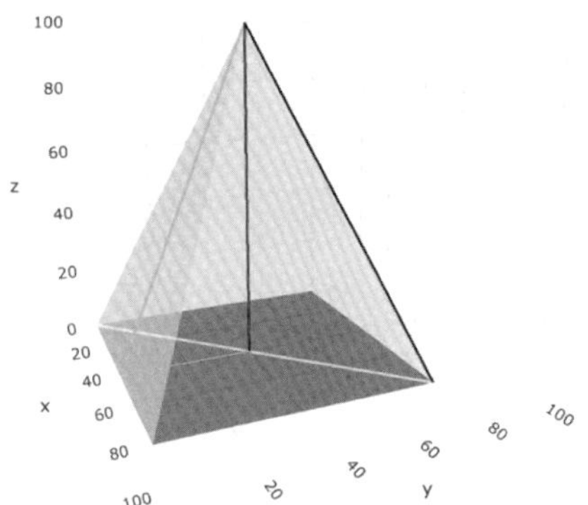

Pyramide im 3-dimensionalen Koordinatensystem

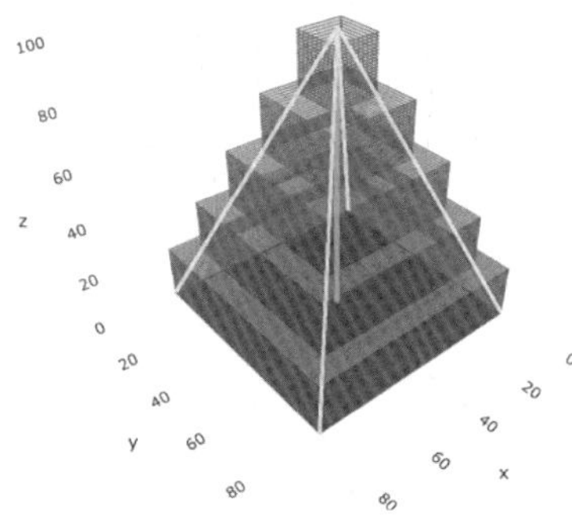

Pyramide genähert mit 5 gestapelten Quadern

Gegeben sind die Größen:

h = Höhe der Pyramide und

a = Kantenlänge der quadratischen Grundfläche

Für die erste unterste Ebene aus einem Quader gilt: $V_1 = a^2 \cdot \frac{h}{5}$

Für die weiteren 4 Ebenen:

$V_2 = \left(\frac{4}{5}a\right)^2 \cdot \frac{h}{5},$	$V_3 = \left(\frac{3}{5}a\right)^2 \cdot \frac{h}{5},$	$V_4 = \left(\frac{2}{5}a\right)^2 \cdot \frac{h}{5},$	$V_5 = \left(\frac{1}{5}a\right)^2 \cdot \frac{h}{5}$

Zusammenfassend ergibt sich: $V = \frac{a^2}{25} \cdot \frac{h}{5} \cdot (1^2 + 2^2 + 3^2 + 4^2 + 5^2)$

Für N Ebenen gilt: $\mathrm{V} = \frac{1}{N^3} \cdot a^2 \cdot h \cdot \sum_{i=1}^{N} i^2$.

Wir wollen nur den Faktor der Formel für das Volumen bestimmen, d.h. die folgende Formel soll ausgerechnet werden:

$$\frac{1}{N^3} \cdot \sum_{i=1}^{N} i^2$$

Wir rufen die Summenformel mit der Summentaste auf und geben die Formel für $N = 1000$ auf.

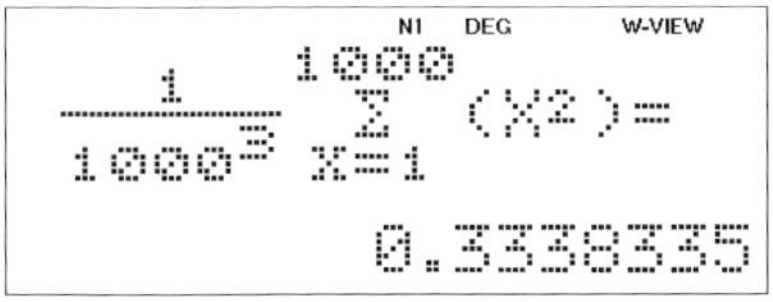

N1 DEG W-VIEW

$$\frac{1}{1000^3} \sum_{X=1}^{1000} (X^2) =$$

0.3338335

Wir versuchen den gleichen Rechenausdruck für $N = 10000.$ Diese Berechnung dauert sehr lange und führt noch näher an den tatsächlichen Wert von $\frac{1}{3}$.

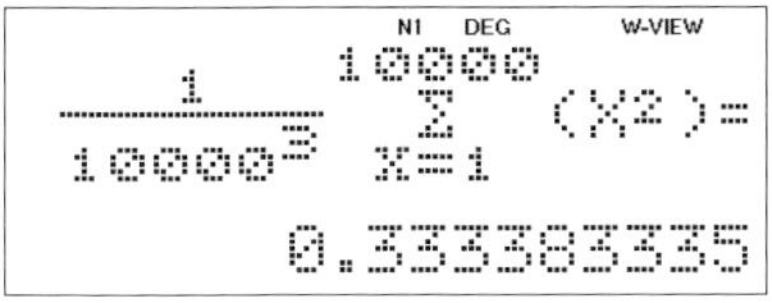

N1 DEG W-VIEW

$$\frac{1}{10000^3} \sum_{X=1}^{10000} (X^2) =$$

0.33338335

Für $n \to \infty$ gibt es eine Näherungsformel:

$$\frac{1}{N^3} \sum_{i=1}^{N} i^2 = \frac{1}{N^3} \cdot \frac{\mathrm{N(N+1)(2N+1)}}{6} = \frac{1}{N^3} \cdot \frac{2N^3}{6} = \frac{1}{3}$$

Unsere Summenformel führt uns so auf die bekannte Volumenformel für eine Pyramide:

$$V = \frac{1}{3} a^2 \cdot h$$

11 Übung - Kopfrechentraining mit dem Rechner

Nicht für das IQB Modell W550TG

Im **DRILL** oder **ÜBUNGS-**Modus kann man Kopfrechenaufgaben aufrufen und ausrechnen, indem man die Lösungen selbst eingibt.

1. **Übe Aufgaben zu den Grundrechenarten, rechne 25 Aufgaben zur Addition!**

2. **Übe 50 Aufgaben zur Division.**

3. **Übe 100 gemischte Aufgaben zu den Grundrechenarten.**

4. **Übe das kleine Einmaleins zu der 5er Reihe, einmal seriell, einmal gemischt.**

5. **Übe 50 gemischte Aufgaben zum kleinen Einmaleins.**

So werden die Übungen aufgerufen:

1.

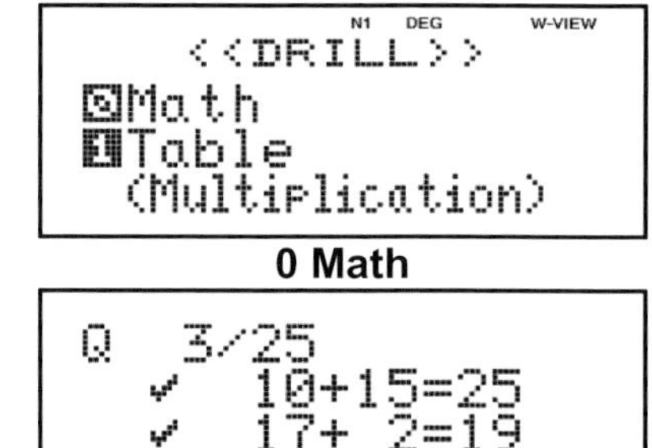

0 Math

3/25 richtig

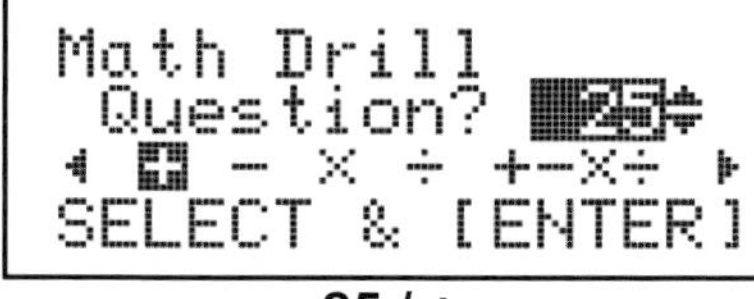

25 / +

Q 7/25
2+ 8=10
16+ 9=25
12+ 2=_

7/25 richtig

Hinweis: Nur korrekt gelöste Aufgaben werden mitgezählt!

2.

```
N1 DEG W-VIEW
<<DRILL>>
0Math
1Table
 (Multiplication)
```

0 Math

```
Math Drill
 Question? 50
◄ + − × ÷ +−×÷ ►
SELECT & [ENTER]
```

50 / ÷

```
Q  1/50


 ►  60÷10=_
```

1/50

```
Q  8/50
 ✓  24÷ 3=8
 ✓  10÷ 1=10
 ►  55÷ 5=_
```

8/50 richtig

3.

```
N1 DEG W-VIEW
<<DRILL>>
0Math
1Table
 (Multiplication)
```

0 Math

```
Math Drill
 Question? 100
◄ + − × ÷ +−×÷ ►
SELECT & [ENTER]
```

100 / + −×÷

```
Q  7/100
 ✓   9÷ 3=3
 ✓   4× 8=32
 ►   7+10=_
```

1/100

```
Q 16/100
 ✓    2×11=22
 ✓   19− 3=16
 ►    2+ 2=_
```

16/100

4.

```
N1 DEG W-VIEW
<<DRILL>>
0Math
1Table
 (Multiplication)
```

1 Table

```
× Table
   1~12? 5
◄Serial Random►
SELECT & [ENTER]
```

5 / Random

5.

```
N1 DEG W-VIEW
<<DRILL>>
0Math
1Table
 (Multiplication)
```

0 Table

```
Math Drill
 Question? 50
◄ + − × ÷ +−×÷ ►
SELECT & [ENTER]
```

50 / ×

Hinweis: **Gemischte Aufgaben zum Einmaleins werden über Aufgaben zur Multiplikation aufgerufen!**

12 Übungsaufgaben / Anwendungsaufgaben

12.1 Bruchrechnen

1. Aufgabe: Berechne

a) $\frac{15}{24} : \frac{5}{12}$ b) $-\frac{22}{7} : \left(-\frac{33}{14}\right)$ c) $\frac{128\,kg}{32}$ d) $\frac{357\,€}{51\,€}$

2. Aufgabe: Berechne

a) $0{,}36 : 0{,}9$ b) $2{,}56 : 16$ c) $0{,}324 : 0{,}009$

3. Aufgabe: Wie oft sind enthalten

a) $\frac{3}{8}\,kg$ in $4\frac{1}{8}\,kg$ b) $1\frac{1}{5}\,h$ in $6\,h$ c) $2{,}5\,km$ in $11{,}25\,km$

4. Aufgabe: Berechne

a) $\frac{1}{8} + \frac{0{,}7-(0{,}4)^2}{0{,}18}$ b) $\frac{4\cdot 0{,}3 + 0{,}4\cdot 3}{0{,}24}$ c) $\frac{\frac{3}{5}\cdot\frac{3}{2}+0{,}1}{0{,}01}$

5. Aufgabe: Textaufgabe

An deiner Schule besuchen 54 Schüler eine Musikklasse.
Das sind $\frac{3}{50}$ aller Schüler der Schule. Wie viele Schüler hat deine Schule in diesem Fall insgesamt?

12.2 Prozentrechnung

Die MwSt. beträgt in diesen Aufgaben immer 7 %.
Ergänze die fehlenden Felder!

1.	Brutto:	7,95 €	Netto:		MwSt. Betrag:	
2.	Brutto:	10,95 €	Netto:		MwSt. Betrag:	
3.	Brutto:	12,00 €	Netto:		MwSt. Betrag:	
4.	Brutto:	30,00 €	Netto:		MwSt. Betrag:	
5.	Brutto:	24,90 €	Netto:		MwSt. Betrag:	
6.	Brutto:	1,28 €	Netto:		MwSt. Betrag:	
7.	Brutto:	99,00 €	Netto:		MwSt. Betrag:	
8.	Brutto:		Netto:	2,33 €	MwSt. Betrag:	
9.	Brutto:		Netto:	24,11 €	MwSt. Betrag:	
10.	Brutto:		Netto:	0,93 €	MwSt. Betrag:	
11.	Brutto:		Netto:	0,93 €	MwSt. Betrag:	
12.	Brutto:		Netto:	0,46 €	MwSt. Betrag:	
13.	Brutto:		Netto:	1,30 €	MwSt. Betrag:	
14.	Brutto:		Netto:	45,79 €	MwSt. Betrag:	
15.	Brutto:		Netto:	1,21 €	MwSt. Betrag:	
16.	Brutto:		Netto:		MwSt. Betrag:	0,84 €
17.	Brutto:		Netto:		MwSt. Betrag:	1,31 €
18.	Brutto:		Netto:		MwSt. Betrag:	1,14 €
19.	Brutto:		Netto:		MwSt. Betrag:	1,31 €
20.	Brutto:		Netto:		MwSt. Betrag:	45,79 €

12.3 Zinsrechnung

Nachricht 1: Börse aktuell

Frankfurt/Main - Die PeKomm Aktie hatte zu Jahresbeginn 2020 einen Börsenkurs von 78,50 €. Die Wertentwicklung sah wie folgt aus:

Im 1. Jahr, Jan-Dez: +15 %
Im 2. Jahr, Jan-Dez: -7 %
Im 3. Jahr, Jan-Dez: +12 %
Im 4. Jahr, Jan-Dez: +18 %
Bei welchem Kurs steht die Aktie am Ende des 4. Jahres?

Nachricht 2:

Januar bis September 2006: 8,3 % mehr Güter auf deutschen Schienen

WIESBADEN – Auf deutschen Schienenwegen wurden nach Mitteilung des Statistischen Bundesamtes von Januar bis September 2006 253,2 Millionen Tonnen an Gütern transportiert. Das war gegenüber dem entsprechenden Vorjahreszeitraum ein Plus von 8,3 %. Wie viele Millionen Tonnen wurden im Vergleichszeitraum 2005 transportiert?

12.4 Anwendungsaufgabe – Fliesen verlegen

In der Küche von Familie Müller sollen Bodenfliesen verlegt werden. Die Grundfläche hat folgende Form und Maße:

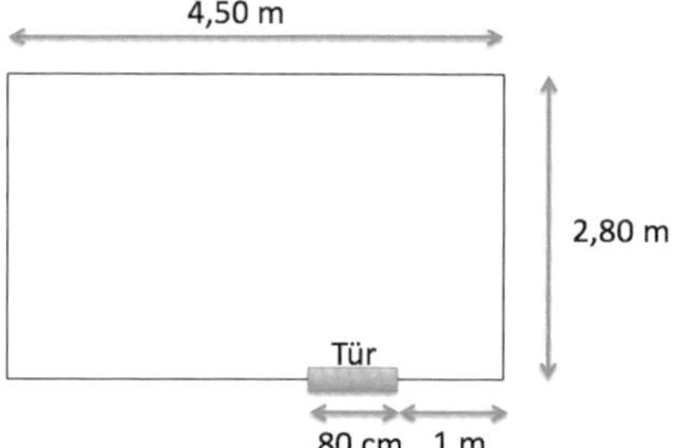

Preise:

Material Arbeitskosten

1 m² Fliesen: 35,00 €

1 m² Fliesen verlegen: 29,00 €

1 m² Fliesen-Fugenmasse: 5,80 €

1 m² Fugen ausfüllen: 15,00 €

1 m² Fliesenkleber: 8,90 €

Alle Preise verstehen sich netto ohne MwSt.

Es sollen rechteckige Fliesen der Größe 25 cm x 40 cm verwendet werden.

Aufgabe

a) Wie viele Quadratmeter Fliesen müssen verlegt werden?

b) Wie viele Fliesen sind das insgesamt?

c) Fertige eine Skizze an, wie die Fliesen am besten gelegt werden, um die geringste Anzahl an Fliesen zu benötigen.

d) Wie hoch wird die Rechnung einschl. der MwSt. von 19 %?

12.5 Renovierung des Wohnzimmers

Das Wohnzimmer soll renoviert werden. Das Zimmer ist L-förmig und die Maße können der Skizze entnommen werden. Die Höhe des Zimmers beträgt 2,30 m. Die Eingangstür ist einschließlich Türrahmen 110 cm breit und 210 cm hoch. Die Fenster sind alle gleich groß. Sie sind 1,50 m breit und 90 cm hoch. Alle Wände und die Decke sollen neu angestrichen werden.

Hinweis:

Das Zimmer hat eine Fußbodenheizung, sodass keine Heizkörper an den Wänden hängen!

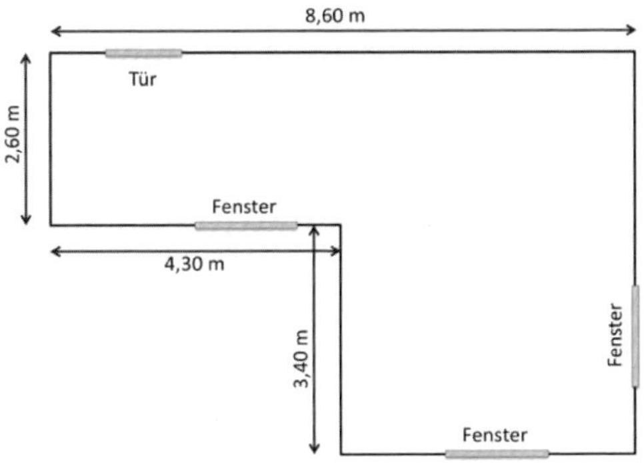

8,60 m
Tür
2,60 m
Fenster
4,30 m
3,40 m
Fenster
Fenster

Aufgaben

a) Wie groß ist die Deckenfläche, die Wandfläche und die Gesamtfläche in m²?

b) Welches Angebot der beiden Malerfirmen ist günstiger?

Firma KLECKSEL macht folgendes Angebot:

1 m² Farbe: 2,10 €
1 m² Wand anstreichen: 4,80 €
1 m² Bodenfläche abkleben: 1,20 €

Firma FARBENFROH mach folgendes Angebot:

1 h Stundenlohn für die Arbeit des Malergesellen: 21,50 €
1 h Stundenlohn für die Arbeit des Malermeisters: 35,70 €
Materialkosten Farbe: 400,00 €
Materialkosten Kleinteile: 120,00 €
Für den berechneten Raum wird folgende Zeit benötigt:
25 h Arbeit für den Malergesellen,
12 h Arbeit für den Malermeister.

Alle Preise zuzüglich der Mehrwertsteuer von 19 %. Bei Barzahlung erhält man noch 3 % Rabatt auf den Rechnungsbetrag.

12.6 Prozentrechnung / Verhältnisse / Dreisatz gemischt

1. Im Zoo ist in den Sommerferien Hochsaison. Von allen Besuchern hatten heute 27 % eine Jahreskarte. Das waren insgesamt 278 Personen. Wie viele Personen waren heute im Zoo?

2. In die Fußball-Arena passen 68 000 Zuschauer. 72 % aller Plätze sind durch Dauerkarten bereits reserviert. Heute befinden sich 67 400 Zuschauer im Stadion.
Dabei sind 95 % aller Dauerkarten-Besitzer im Stadion.

a) Wie viele Karten wurden an der Kasse noch verkauft?

b) Von allen einzeln verkauften Karten wurden 23 % an die Fans der Auswärtsmannschaft vergeben. Wie viele Fans der Auswärtsmannschaft sind im Stadion?

3. Nach einem langen Streit um die Lohnerhöhungen wurde vereinbart, alle Löhne um 2,8 % zu erhöhen, jedoch mindestens um 50 €.

a) Berechne die Lohnerhöhungen für folgende Gehälter: 1200 €, 2500 €, 4200 €.

b) Ab welchem Gehalt bekommt jemand mehr als den Mindestbetrag von 50 € Lohnerhöhung?

4. Eine kleine Molkerei verarbeitet in dieser Woche 150 000 Liter Milch zu Butter. Aus 20 Litern Mich werden 4 Päckchen Butter zu je 250 g hergestellt. Je Liter Milch bezahlt die Molkerei den Bauern 18 Cent. 1 Liter Milch wiegt 1,02 kg.

a) Wie viele kg Butter werden in dieser Woche produziert?

b) Wie viel Gramm Butter kann man aus 1 Liter Milch herstellen?

c) Was kostet die Produktion von einem Päckchen Butter, wenn man nur die Kosten für den Rohstoff Milch betrachtet?

5. Um 1 kg Käse herzustellen, benötigt man zwischen 15 und 20 Liter Milch, je nach Käsesorte und Fettgehalt der unbehandelten Milch. Wir rechnen mit 17 Litern Milch für
1 kg Käse. Eine Käserei möchte am Tag 25 kg Käse herstellen und diesen für 1,95 € je 100 g verkaufen. Die Milch wird direkt vom Biobauern aus dem Dorf für 25 Cent je Liter eingekauft.

a) Wie viele Liter Milch muss die Käserei einkaufen, um den Käse produzieren zu können?

b) Was kostet die Milch für eine Tagesproduktion?

c) 5 % der Produktion wird im Laufe des Tages zum Probieren kostenlos auf der Theke angeboten. Wie viel Euro hat die Käserei an diesem Tag eingenommen, wenn am Ende des Tages 90 % der Produktion verkauft wurden?

12.7 Kreis und Trigonometrie

1. Ein Fahrrad hat einen Reifendurchmesser von 26 Zoll.
1 Zoll ist definiert als 25,4 mm. Mit dem Fahrrad werden an einem schönen sonnigen Sommertag 15 km zurückgelegt.
Wie oft hat sich das Vorderrad an diesem Tag gedreht?

2. Rechne die folgenden Winkel im Gradmaß in das Bogenmaß um.

a) 25° b) 90° c) 135° d) 335°

3. Rechne die folgenden Bogenmaß-Winkel ins Gradmaß um.

a) $\frac{5\pi}{4}$ b) $\frac{7\pi}{8}$ c) 1 d) 2,8

4. Bestimme den grau schraffierten Flächeninhalt der folgenden Figuren!

a) 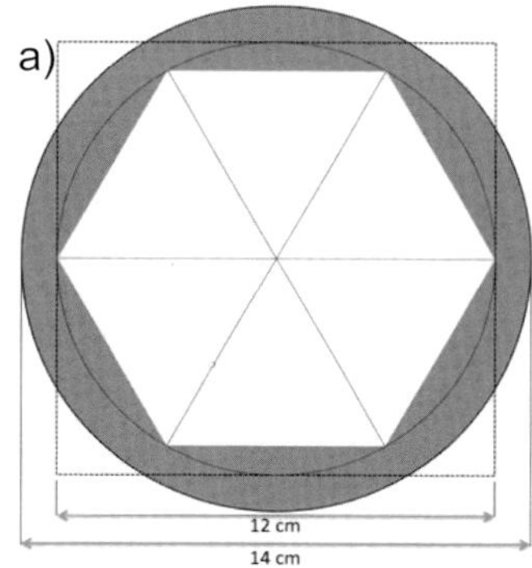

b) 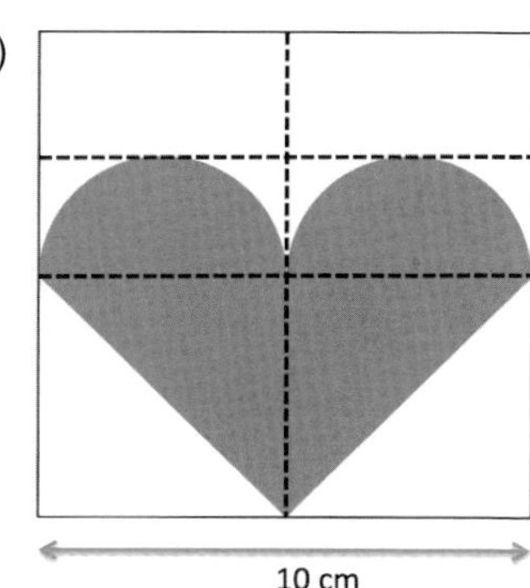

5. Bestimme die fehlenden Seiten/Winkel der folgenden rechtwinkligen Dreiecke!

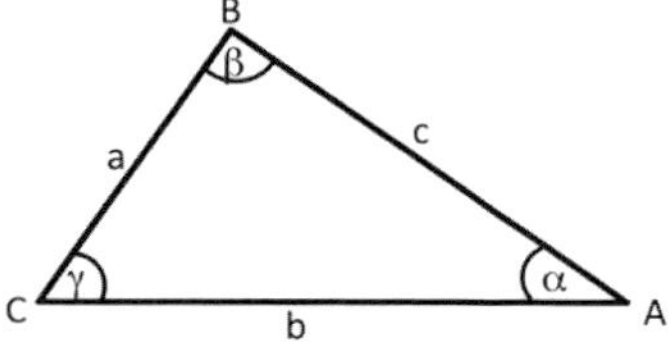

a) $\alpha = 90°, \beta = 24°, c = 4\ cm$

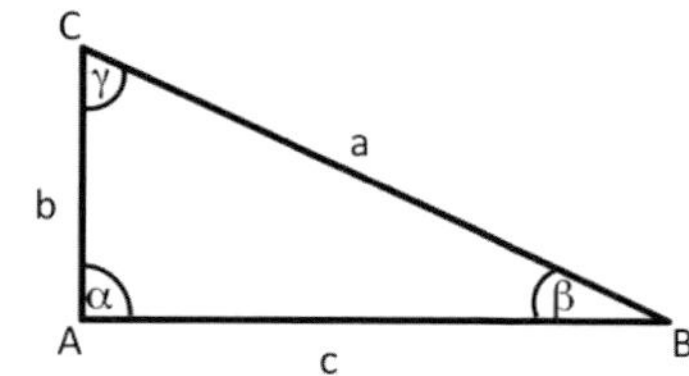

b) $a = 2{,}3\ cm, c = 3{,}3\ cm, \beta = 90°$

6. Bestimme den Flächeninhalt des abgebildeten Kreissektors. Bestimme zunächst den Winkel α !

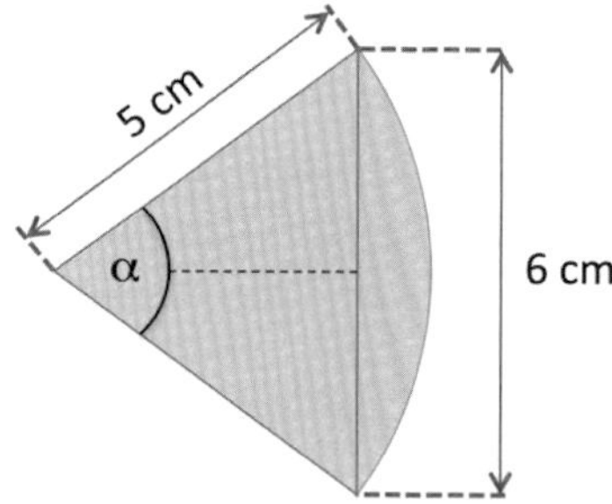

12.8 Stereometrie und Körperberechnungen

1. Eine Orange hat einen Durchmesser von d = 8 cm.
Berechne Volumen und Oberfläche.

2. Berechne das Volumen und die Oberfläche des abgebildeten Rotationskörpers (schaffierte Fläche). Stelle hierzu zunächst jeweils einen Rechenausdruck auf! Benenne jeweils die einzelnen Körper, die du zur Berechnung verwendest!

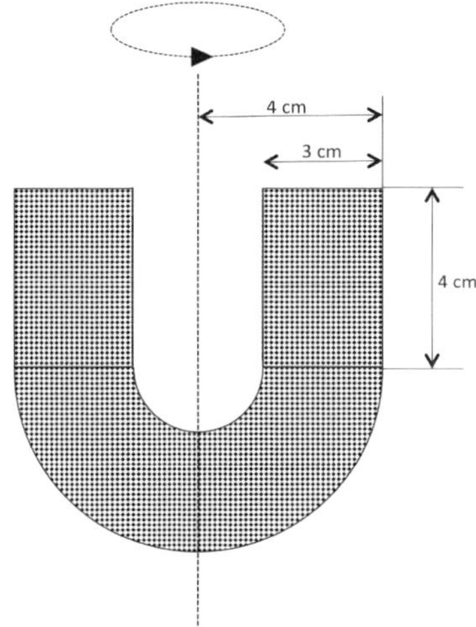

3. Die mittlere Pyramide der Pyramiden von Gizeh (die Chephren-Pyramide) war ursprünglich 143,5 m hoch und hatte eine quadratische Grundfläche mit der Seitenlänge $a = 215{,}25\,m$. Berechne das Volumen und die sichtbare Oberfläche.

4. Alle Kanten eines Prismas mit gleichmäßiger 6-eckiger Grundfläche haben alle die Länge l = 5 cm. Berechne die Oberfläche dieses Prismas und sein Volumen. Fertige hierzu eine Zeichnung der Grundfläche an.

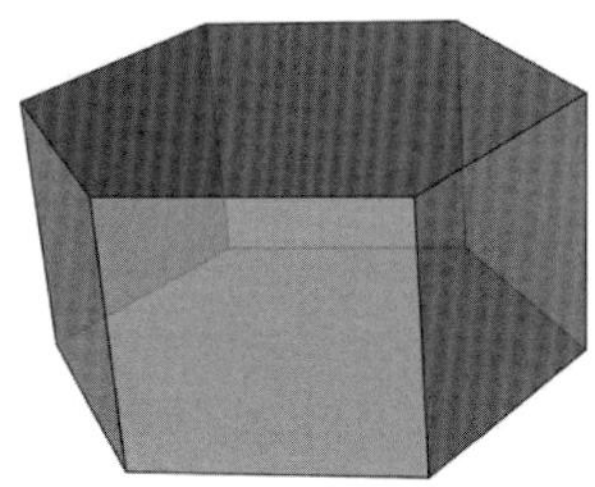

5. Eine zylindrische Getränkedose aus Aluminium hat ein Verhältnis von Höhe zu Durchmesser von 1,76. D.h. beträgt der Durchmesser 8 cm, so ist die Höhe 14,08 cm. Eine solche Dose soll ein Volumen von 250 ml (= 250 cm^3) haben.

a) Stelle einen Rechenausdruck für das Volumen auf, der nur den Durchmesser d enthält.

b) Welche Höhe und welchen Durchmesser muss die Dose haben?

6. Ein Holzspielzeug besteht aus einer Halbkugel und einem Kegel aus Eichenholz (siehe Bild). Berechne das Volumen und die Oberfläche.

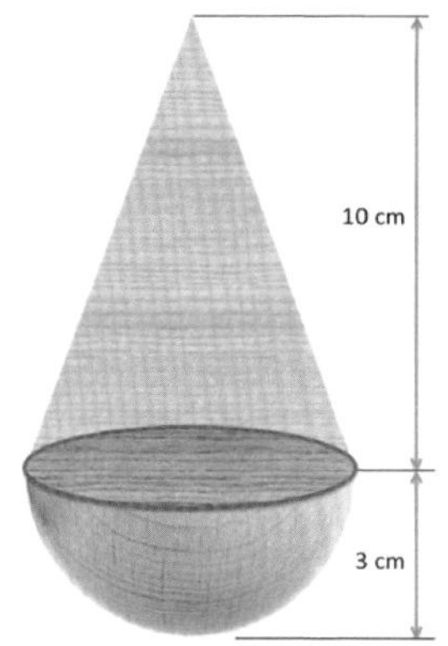

12.9 Lösungen zu den Anwendungsaufgaben

12.1 – Bruchrechnung

1.	a) 3/2	b) 4/3	c) 4 kg	d) 7
2.	a) 0,4	b) 0,16 c) 36		
3.	a) 11	b) 5	c) 4,5	
4.	a) 25/8	b) 10	c) 100	
5.	Die Schule hat 900 Schüler.			

12.2 – Prozentrechnung

1. Brutto: 7,95 €	Netto: 7,43 €	MwSt. Betrag: 0,52 €
2. Brutto: 10,95 €	Netto: 10,23 €	MwSt. Betrag: 0,72 €
3. Brutto: 12,00 €	Netto: 11,21 €	MwSt. Betrag: 0,79 €
4. Brutto: 30,00 €	Netto: 28,04 €	MwSt. Betrag: 1,96 €
5. Brutto: 24,90 €	Netto: 23,27 €	MwSt. Betrag: 1,63 €
6. Brutto: 1,28 €	Netto: 1,20 €	MwSt. Betrag: 0,08 €
7. Brutto: 99,00 €	Netto: 92,52 €	MwSt. Betrag: 6,48 €
8. Brutto: 2,49 €	Netto: 2,33 €	MwSt. Betrag: 0,16 €
9. Brutto: 25,80 €	Netto: 24,11 €	MwSt. Betrag: 1,69 €
10. Brutto: 1,00 €	Netto: 0,93 €	MwSt. Betrag: 0,07 €
11. Brutto: 0,99 €	Netto: 0,93 €	MwSt. Betrag: 0,06 €
12. Brutto: 0,49 €	Netto: 0,46 €	MwSt. Betrag: 0,03 €
13. Brutto: 1,39 €	Netto: 1,30 €	MwSt. Betrag: 0,09 €
14. Brutto: 49,00 €	Netto: 45,79 €	MwSt. Betrag: 3,21 €
15. Brutto: 1,29 €	Netto: 1,21 €	MwSt. Betrag: 0,08 €
16. Brutto: 12,80 €	Netto: 11,96 €	MwSt. Betrag: 0,84 €
17. Brutto: 19,95 €	Netto: 18,64 €	MwSt. Betrag: 1,31 €
18. Brutto: 17,50 €	Netto: 16,36 €	MwSt. Betrag: 1,14 €
19. Brutto: 20,00 €	Netto: 18,69 €	MwSt. Betrag: 1,31 €
20. Brutto: 700,00 €	Netto: 654,21 €	MwSt. Betrag: 45,79 €

12.3 – Zinsrechnung

1. Die Aktie steht am Ende des Jahres bei 110,97€.
(Nach jedem Jahr wurde auf Cent genau gerundet!)

2. 253,2 Millionen = 100% + 8,3%
d.h. dieser Wert entspricht 108,3% des Vorjahreswertes.
253,2 : 1,083 = 233,8 Millionen
Im Vorjahreszeitraum wurden 233,8 Millionen Tonnen transportiert.

12.4 – Fliesen verlegen

a) $A = 12{,}6\ m^2$ b) n = 126 d) 1404,94 €

12.5 – Renovierung

a) Deckenfläche: 36,98 m^2, Wandfläche: 60,8 m^2
Gesamtfläche: 97,78 m^2

b) Klecksel: 855,68 €
Farbenfroh: 1715,17 € Maler Klecksel ist billiger.

12.6 - Prozentrechnung / Verhältnisse / Dreisatz gemischt

1) 1030

2) a) Dauerkartenbesitzer: 46512,
Verkaufte Karten a. d. Kasse: 20888
b) 4804

3) a) 1250 € 2570 € 4317,6 €
b) 1785,71 €

4) a) 7500 kg, b) 50 g, c) 0,9 €

5) a) V = 425 l b) 106,25 € c) 438,75 €

12.7 – Kreis und Trigonometrie

1) Das Rad hat sich 22714 mal gedreht.

2) a) $25 \cdot \frac{\pi}{180} \approx 0{,}43633$ b) $90 \cdot \frac{\pi}{180} = \frac{\pi}{2} \approx 1{,}57$

c) $135 \cdot \frac{\pi}{180} \approx 2{,}36$ d) $335 \cdot \frac{\pi}{180} \approx 5{,}847$

3) a) $\frac{5 \cdot 180°}{4} = 225°$ b) $\frac{7 \cdot 180°}{8} = 157{,}5°$

c) $\frac{180°}{\pi} = 57{,}3°$ d) $\frac{2{,}8 \cdot 180°}{\pi} = 160{,}4°$

4) a) $A \approx 60{,}4\ cm^2$ b) $A \approx 44{,}63\ cm^2$

5) a) $\gamma = 66°$ $a \approx 4{,}38\ cm$ $b \approx 1{,}78\ cm$

b) $b \approx 4{,}022\ cm$ $\gamma \approx 55{,}12°$ $\alpha \approx 34{,}88°$

6) $\alpha \approx 74{,}74°$ $A \approx 16{,}09\ cm^2$

12.8 – Stereometrie und Körperberechnungen

1) Volumen $V = 268{,}1\ cm^3$ Oberfläche $O = 201{,}1\ cm^2$

2) **Hohlzylinder:** Höhe h= 4 cm
innerer Radius r = 1 cm
äußerer Radius R = 4 cm
Hohlkugel: innerer Radius s = r = 1 cm
äußerer Radius S = R = 4 cm
Volumen $V = 320{,}4\ cm^3$

3) Volumen $V = 2\,216\,240\ m^3$
Oberfläche $O = 77\,221\ m^2$

4) Oberfläche $O = 279{,}9\ cm^2$
Volumen $V = 342{,}8\ cm^3$

5) a) $h = \frac{1}{2}d$ $V = \pi \cdot r^2 \cdot h = 0{,}44 \cdot \pi \cdot d^3$

b) $d = 5{,}7\ cm$ $h = 9{,}95\ cm \approx\ 10\ cm$

6) Volumen $V = 150{,}8\ cm^3$

Oberfläche $O = 154{,}95\ cm^2$

13 Abituraufgaben

Die Lösungen zu den Abituraufgaben können über den folgenden QR-Code oder mit dem Link auf der WEB-Seite von Calcuso heruntergeladen werden.

Die Abituraufgaben beziehen sich auf Abituraufgabentypen bis zum Jahr 2029 und berücksichtigen noch nicht den reduzierten Funktionsumfang des IQB-Rechner Modells W550TG.

calcuso.link/fbsharpelw

13.1 Aufgaben zur Analysis

Aufgabe aus dem IQB-Pool – gemeinsame Aufgabenpools der Länder

Papierflieger verlassen die Hand eines Werfers in einer bestimmten Abwurfhöhe, unter einem bestimmten Abwurfwinkel und mit einer bestimmten Anfangsgeschwindigkeit. Die Flugkurven können abhängig von diesen drei Bedingungen sowie von der jeweiligen Bauweise des Papierfliegers unterschiedlich verlaufen. Im Folgenden sollen drei Typen von Flugkurven unterschieden werden, die in der Abbildung schematisch dargestellt sind.

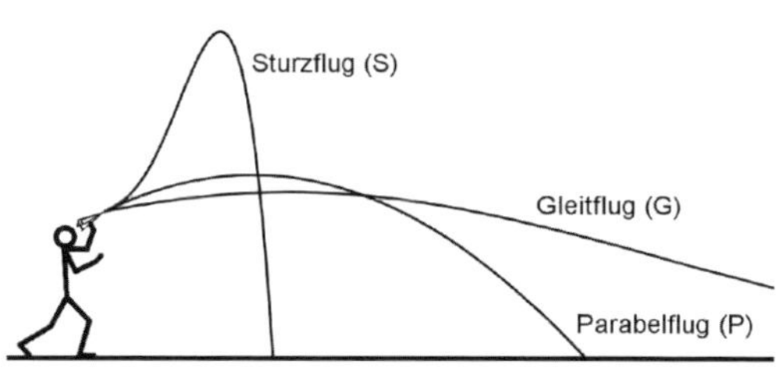

Wird die Größe der betrachteten Papierflieger vernachlässigt, können die Flugkurven bei Verwendung eines Koordinatensystems, dessen x-Achse entlang des horizontalen Bodens und dessen y-Achse durch den Abwurfpunkt verläuft, modellhaft mithilfe von Funktionen beschrieben werden. Im Folgenden soll der x-Wert der horizontalen Entfernung des Papierfliegers vom Abwurfpunkt entsprechen, der zugehörige Funktionswert der Flughöhe (jeweils in Metern).

1. Ein Papierflieger bewegt sich entlang einer Flugkurve vom Typ S.
Diese kann mithilfe der in $\mathbb{R}$ definierten Funktion s mit $s(x) = -x^4 + 2x^3 + \frac{1}{2}x + 2$ beschrieben werden.
Geben Sie die Abwurfhöhe an und zeigen Sie, dass die Flugweite etwa 2,27 m beträgt. Zeigen Sie, dass der Papierflieger seine maximale Flughöhe besitzt, wenn seine horizontale Entfernung vom Abwurfpunkt etwa 1,55 m beträgt. Geben Sie diese Flughöhe an.
Berechnen Sie die Koordinaten der beiden Wendepunkte des Graphen von s und geben Sie die jeweilige Steigung des Graphen von s in den Wendepunkten an.
Beschreiben Sie die Bedeutung des Wendepunkts mit der größeren x-Koordinate im Hinblick auf die Steigung der Flugkurve des Papierfliegers.

2. Im Folgenden wird ein Papierflieger betrachtet, der sich bei jedem Flug entlang einer Flugkurve vom Typ P bewegt. Er wird in 2 m Höhe abgeworfen und erreicht seine größte Höhe in einer horizontalen Entfernung von 2 m vom Abwurfpunkt. Seine möglichen Flugkurven lassen sich näherungsweise mithilfe ganzrationaler Funktionen zweiten Grades beschreiben.
Begründen Sie, dass die möglichen Flugkurven dieses Papierfliegers im Modell durch den Punkt (4|2) verlaufen.
Zeigen Sie, dass sich alle möglichen Flugkurven dieses Papierfliegers im Modell mithilfe der in $\mathbb{R}$ definierten Funktionen $p_k(x) = -0{,}25k \cdot x^2 + k \cdot x + 2$ und $k \in \mathbb{R}^+$ beschreiben lassen.
Ermitteln Sie denjenigen Wert von k, für den der Papierflieger eine Flugweite von 6 m hat. Skizzieren Sie die Graphen der Funktionen
$p_{\frac{1}{4}}$ und $p_{\frac{2}{3}}$.
Ist ein Kurvenstück Graph einer in $[a;b]$ mit $a, b \in \mathbb{R}$ definierten Funktion h mit erster Ableitungsfunktion h', so gilt für die Länge L dieses Kurvenstücks: $L = \int_a^b \sqrt{1 + \left(h'(x)\right)^2} dx$.
Untersuchen Sie rechnerisch, ob $p_{\frac{1}{4}}$ oder $p_{\frac{2}{3}}$ die längere Flugkurve beschreibt.
Bestimmen Sie den Wert von k so, dass der Abwurfwinkel der mithilfe von p_k beschriebenen Flugkurve ebenso groß ist wie der Abwurfwinkel der mithilfe der Funktion s beschriebenen Flugkurve.

3. Die größten Flugweiten erzielen Papierflieger mit Flugkurven des Typs G. Eine solche Flugkurve soll mithilfe der in $\mathbb{R}$ definierten Funktion g mit $g(x) = 2e^{-0{,}02x^2+0{,}1x}$ beschrieben werden.
Beurteilen Sie die Eignung von g zur modellhaften Beschreibung der Flugkurve bezogen auf den Verlauf des Graphen von g für $x \to \infty$.
Die Flugweite beträgt 15,3 m. Der erste Teil der Flugkurve lässt sich mithilfe von g beschreiben. Ab einem bestimmten Punkt kann der weitere Verlauf der Flugkurve bis zum Boden durch eine Gerade dargestellt werden. Dieser zweite Teil der Flugkurve hat eine Länge von 10,6 m. Bestimmen Sie die horizontale Entfernung des Übergangs vom ersten zum zweiten Teil der Flugkurve vom Abwurfpunkt und prüfen Sie, ob dieser Übergang ohne Knick erfolgt.

13.2 Aufgaben zur Vektorrechnung

Aufgabe aus dem IQB-Pool – gemeinsame Aufgabenpools der Länder

Die Position einer Bohrplattform im Meer kann in einem kartesischen Koordinatensystem modellhaft durch den Punkt $P\ (8|43{,}2|0)$ dargestellt werden.

Die x-y-Ebene beschreibt die Wasseroberfläche. Eine Längeneinheit im Koordinatensystem entspricht einem Kilometer in der Realität.

Die Besatzungen eines Boots und eines Hubschraubers werden gleichzeitig beauftragt, die Besatzung der Plattform in einer Notsituation zu unterstützen.

Zum Zeitpunkt des Auftrags wird die Position des Boots durch den Punkt $B\ (13|31{,}2|0)$ dargestellt. Unmittelbar anschließend fährt es geradlinig mit der Geschwindigkeit $52\ \frac{km}{h}$ in Richtung der Plattform.

Die Position des Hubschraubers kann vom Zeitpunkt des Auftrags bis zum Beginn seiner Landephase durch die Gleichung

$$\vec{x} = \begin{pmatrix} 0{,}8 \\ 0{,}3 \\ 0{,}25 \end{pmatrix} + t \cdot \begin{pmatrix} 48 \\ 286 \\ 0 \end{pmatrix}$$

beschrieben werden. Dabei ist t die Zeit in Stunden, die seit dem Auftrag vergangen ist. Die Landephase beginnt im Modell im Punkt $H_L\ (7{,}76|\ 41{,}77|0{,}25)$.

a) Veranschaulichen Sie die Positionen der Plattform, des Boots und des Hubschraubers zum Zeitpunkt des Auftrags – unter Vernachlässigung der Flughöhe des Hubschraubers – in der xy-Ebene.

b) Begründen Sie, dass der Hubschrauber bis zur Landephase parallel zur Wasseroberfläche fliegt, und geben Sie seine Flughöhe über der Wasseroberfläche an.

c) Begründen Sie, dass die Position des Boots vom Zeitpunkt des Auftrags bis zum Erreichen der Plattform durch die Gleichung

$\vec{x} = \begin{pmatrix} 13 \\ 31,2 \\ 0 \end{pmatrix} + t \cdot \begin{pmatrix} -20 \\ 48 \\ 0 \end{pmatrix}$ beschrieben wird, wobei t die seit dem Auftrag vergangene Zeit in Stunden ist.

d) Ermitteln Sie, wie viel Zeit vom Zeitpunkt des Auftrags an vergeht, bis das Boot die Plattform erreicht.

e) Betrachtet wird die Funktion e mit

$$e(t) = \left| \begin{pmatrix} 0,8 \\ 0,3 \\ 0,25 \end{pmatrix} - \begin{pmatrix} 13 \\ 31,2 \\ 0 \end{pmatrix} + t \cdot \left(\begin{pmatrix} 48 \\ 286 \\ 0 \end{pmatrix} - \begin{pmatrix} -20 \\ 48 \\ 0 \end{pmatrix} \right) \right|$$

und $0 < t < 0{,}145$.

Bestimmen sie denjenigen Wert von t, für den e seinen kleinsten Wert annimmt, und beschreiben Sie die Bedeutung dieses Werts im Sachzusammenhang.

f) Der Hubschrauber bewegt sich während seiner Landephase mit verringerter Geschwindigkeit geradlinig auf die horizontale Landefläche der Plattform zu, die im Modell durch den Punkt $L\,(8|43{,}2|0{,}06)$ dargestellt wird. Bestimmen Sie die Größe des Neigungswinkels der Flugbahn während der Landephase gegenüber der Horizontalen.

g) Bestimmen Sie eine Gleichung der Ebene in Koordinatenform, in der sich der Hubschrauber vom Auftrag bis zur Landung im Modell bewegt.

13.3 Aufgaben zur Wahrscheinlichkeitsrechnung

Aufgabe aus dem IQB-Pool – gemeinsame Aufgabenpools der Länder

Von allen Jugendlichen eines Landes im Alter von 14 bis 25 Jahren sind 49,20 % weiblich. 47,10 % der Jugendlichen erledigen ihre Finanzangelegenheiten regelmäßig mittels Smartphone oder Tablet. Der Anteil der Jugendlichen, die weiblich sind und ihre Finanzangelegenheiten regelmäßig mittels Smartphone oder Tablet erledigen, beträgt 19,68 %.

Stellen Sie den beschriebenen Sachzusammenhang in einer vollständig ausgefüllten Vierfeldertafel dar.
Bestimmen Sie die Wahrscheinlichkeit dafür, dass eine unter den Jugendlichen zufällig ausgewählte Person entweder männlich ist oder ihre Finanzangelegenheiten regelmäßig mittels Smartphone oder Tablet erledigt.
Weisen Sie nach, dass die Wahrscheinlichkeit dafür, dass eine unter den weiblichen Jugendlichen zufällig ausgewählte Person ihre Finanzangelegenheiten regelmäßig mittels Smartphone oder Tablet erledigt, 40 % beträgt.
Es werden 50 weibliche Jugendliche zufällig ausgewählt.
Bestimmen Sie jeweils die Wahrscheinlichkeit folgender Ereignisse:

A: „Die Hälfte der ausgewählten weiblichen Jugendlichen erledigt Finanzangelegenheiten regelmäßig mittels Smartphone oder Tablet".

B: „Mehr als die Hälfte der ausgewählten weiblichen Jugendlichen erledigen Finanzangelegenheiten regelmäßig mittels Smartphone oder Tablet".

Aus einer Gruppe von zehn Jugendlichen nutzen für Finanzangelegenheiten vier Personen nur Smartphones und sechs nur Tablets. Aus dieser Gruppe werden drei Jugendliche zufällig ausgewählt.
Begründen Sie, dass die Binomialverteilung für Überlegungen zur Anzahl der ausgewählten Personen, die für Finanzangelegenheiten nur Smartphones nutzen, nicht geeignet ist.
Bestimmen Sie die Wahrscheinlichkeit dafür, dass genau zwei der drei ausgewählten Personen für Finanzangelegenheiten nur Smartphones nutzen.

14 Index / Stichwortverzeichnis

A

B

D

Z